岩土工程勘察和地基处理设计文件常见问题解析

中勘三佳工程咨询（北京）有
郭明田　等　编

中国建筑工业出版社

图书在版编目（CIP）数据

岩土工程勘察和地基处理设计文件常见问题解析/郭明田等编著；中勘三佳工程咨询（北京）有限公司组织编写. —北京：中国建筑工业出版社，2021.11（2024.2 重印）
ISBN 978-7-112-26802-3

Ⅰ. ①岩… Ⅱ. ①郭… ②中… Ⅲ. ①岩土工程-地质勘探-设计文件-问题解答②地基处理-设计文件-问题解答 Ⅳ. ①TU412-44②TU472-44

中国版本图书馆 CIP 数据核字（2021）第 213009 号

责任编辑：杨　允
文字编辑：刘颖超
责任校对：芦欣甜

岩土工程勘察和地基处理设计文件常见问题解析
中勘三佳工程咨询（北京）有限公司　组织编写
郭明田　等　编著

*

中国建筑工业出版社出版、发行（北京海淀三里河路 9 号）
各地新华书店、建筑书店经销
霸州市顺浩图文科技发展有限公司制版
建工社（河北）印刷有限公司印刷

*

开本：787 毫米×1092 毫米　1/16　印张：9　字数：213 千字
2021 年 12 月第一版　　2024 年 2 月第四次印刷
定价：**38.00** 元
ISBN 978-7-112-26802-3
（38496）

前　言

为切实解决勘察与地基处理设计工程文件常见技术疑难问题，做好对勘察和地基处理设计行业的服务。公司组织相关专家组成编写组，认真总结日常审查工作实践经验，编写了《岩土工程勘察和地基处理设计文件常见问题解析》。

本书编制过程中，总结了近年来我国特别是北京市的工程实践和科研成果，经反复讨论、修改，审查定稿。

本书分为岩土工程勘察篇和地基处理设计篇，岩土工程勘察篇主要内容包括：基本要求，工程与勘察工作概况，勘探点的布置，取样、原位测试、地球物理勘探和室内试验，场地环境与工程地质条件，地下水和地表水，场地类别和地震效应评价，特殊土、边坡和不良地质作用，岩土工程评价，图表；地基处理设计篇主要内容包括：基本规定，设计计算，图纸。

在本书的编写过程中，得到了北京市规划和自然资源委消防设计处、北京市施工图审查协会等各级领导的大力支持，得到了中国建筑工业出版社的大力帮助，在此，对本书编写过程中给予大力支持的各单位、各界同仁表示衷心感谢！

本书由中勘三佳工程咨询（北京）有限公司组织编写，主要编写人员为：郭明田、张建青、郭书泰、毛尚之、彭广军、林小劲、徐晋生、郝庆斌。

本书编制中难免存在错漏或不当之处，还请各位同仁研提各种宝贵意见和建议，相关意见和建议请寄送至中勘三佳工程咨询（北京）有限公司（北京市朝阳区北三环东路28号易亨大厦1209，邮编：100013）。

目　　录

上篇　岩土工程勘察篇

下篇 地基处理设计篇

上篇

岩土工程勘察篇

1 基本要求

1.1 勘察报告签章

1.1.1 标准要求

《房屋建筑和市政基础设施工程勘察文件编制深度规定》(2020年版)

2.0.5 工程勘察报告提交成果应包括封面、责任页、勘察报告文字部分、勘察报告图表部分。其中，责任页应包括勘察报告名称、勘察阶段、勘察单位名称、单位资质等级及编号、工程编号、提交日期等内容；勘察报告文字部分内容应符合第4章的规定；勘察报告图表部分内容应符合第5章的规定。当存在特殊性岩土、边坡工程、不良地质作用和地质灾害时，勘察报告内容应同时符合第6章的规定。

2.0.6 勘察纲要、勘察报告签章应符合下列要求：

1 勘察纲要封面应有项目负责人签字；

2 勘察报告封面应有勘察单位公章；

3 勘察报告责任页应有法定代表人和单位技术负责人签章；应有项目负责人、审核人、审定人姓名打印及签字，并根据注册执业规定加盖注册土木工程师（岩土）印章；

4 图表应有完成人和检查人（或审核人）签字；

5 各种室内试验和原位测试，其成果应有试验人和检查人（或审核人）签字；

6 当测试、试验项目委托其他单位完成时，受托单位提交的成果应有该单位印章及责任人签章。

1.1.2 问题解析

1. 勘察报告签章问题主要表现在勘察报告封面及责任页缺少法定代表人和单位技术负责人签章、单位公章。

【解析】应有项目负责人、审核人、审定人姓名打印及签字，并根据注册执业规定加盖注册土木工程师（岩土）印章。需要注意的是勘察文件专用章不能代替单位公章。

2. 外委项目缺少相关单位公章、责任人签字（或签章）或资质不符合要求。

【解析】相关单位加盖公章，责任人签字（或签章），资质符合要求，这是现行相关法律法规的基本要求。

3. 勘察文件专用章与图表中数字重叠，数字难以辨识。

【解析】盖章时应以报告文字、数据等关键信息能够辨认为原则。

4. 勘察报告封面及责任页要求的内容不全。

【解析】责任页应包括勘察报告名称、勘察阶段、勘察单位名称、单位资质等级及编号、工程编号、提交日期等内容。有些技术人员容易忽略勘察阶段、工程编号。

1.2　基本建设程序

1.2.1　标准要求

《岩土工程勘察规范》GB 50021—2001（2009年版）

1.0.3　各项建设工程在设计和施工之前，必须按基本建设程序进行岩土工程勘察。

《市政工程勘察规范》CJJ 56—2012

1.0.3　市政工程必须按基本建设程序进行岩土工程勘察，并应搜集、分析、利用已有资料和建设经验，针对市政工程特点、各勘察阶段的任务要求和岩土工程条件，提出资料完整、评价正确的勘察报告。

1.2.2　问题解析

基本建设程序是指按照工程建设活动性质将工程建设过程划分为若干个阶段，并在规定每个阶段的工作内容、原则、审批程序等基础上，将各个阶段工作分为若干个环节的工作程序。岩土工程勘察是根据建设工程的要求，查明、分析、评价建设场地的地质、环境特征和岩土工程条件，编制勘察文件的活动。勘察是一种探索性很强的工作，勘察工作的进程总体而言，是一个由场地问题到地基问题、由粗疏到精细的循序渐进式勘测分析过程。一般情况下，勘察工作随工程建设阶段不同，其勘察目的和内容也不相同。因而勘察工作可细分为：项目可行性研究勘察、初步勘察、详细勘察和施工勘察等阶段。

1. 未按照基本程序进行岩土工程勘察。

【解析】先勘察、后设计、再施工，是工程建设必须遵守的程序，是国家一再强调的十分重要的基本政策。但是，近年来仍有一些工程，不进行岩土工程勘察就设计施工，造成工程安全事故或安全隐患。

2. 设计条件未定就进行勘察，造成勘察的针对性不强或勘察需要返工。

【解析】建设单位为了赶工期，在设计方案或设计条件未定的情况下，如楼座位置、基础埋深、基础形式、荷载大小等设计条件未定，就仓促进行详细勘察，造成勘察的针对性不强。待设计条件确定后，却发现与之前发生较大变化，勘察满足不了设计要求，需要重新或补充勘察。

3. 勘察实际工作量满足不了地基评价要求。

【解析】由于施工场地限制，勘察孔施工数量有限或勘察孔孔深不够，勘察实际工作量满足不了地基评价要求。

4. 工程勘察各阶段的工作内容和工作量要求不同，在不同阶段勘察工作未满足相应阶段岩土工程评价要求。

【解析】前期勘察结果通常是后期勘察工作的基础。有些项目在前期未开展勘察工作的情况下直接进入初步勘察（对应初步设计）阶段或详细勘察（对应施工图设计）阶段，而前期未进行拟建场地可能遭遇的不良地质作用、建设场地工程建设的适宜性等评价。我们强调的是，后期勘察必须反映相关勘察结论。如在详勘阶段，应有活动断裂、滑坡、泥石流等影响场地稳定的不良地质作用的结论等。

1.3 勘察工作和报告总体要求

1.3.1 标准要求

《岩土工程勘察规范》GB 50021—2001（2009年版）

4.1.11 详细勘察应按单体建筑物或建筑群提出详细的岩土工程资料和设计、施工所需的岩土参数；对建筑地基作出岩土工程评价，并对地基类型、基础形式、地基处理、基坑支护、工程降水和不良地质作用的防治等提出建议。主要应进行下列工作：

1 搜集附有坐标和地形的建筑总平面图，场区的地面整平标高，建筑物的性质、规模、荷载、结构特点，基础形式、埋置深度，地基允许变形等资料；

2 查明不良地质作用的类型、成因、分布范围、发展趋势和危害程度，提出整治方案的建议；

3 查明建筑范围内岩土层的类型、深度、分布、工程特性，分析和评价地基的稳定性、均匀性和承载力；

4 对需进行沉降计算的建筑物，提供地基变形计算参数，预测建筑物的变形特征；

5 查明埋藏的河道、沟浜、墓穴、防空洞、孤石等对工程不利的埋藏物；

6 查明地下水的埋藏条件，提供地下水位及其变化幅度；

7 在季节性冻土地区，提供场地土的标准冻结深度；

8 判定水和土对建筑材料的腐蚀性。

14.3.3 岩土工程勘察报告应根据任务要求、勘察阶段、工程特点和地质条件等具体情况编写，并应包括下列内容：

1 勘察目的、任务要求和依据的技术标准；

2 拟建工程概况；

3 勘察方法和勘察工作布置；

4 场地地形、地貌、地层、地质构造、岩土性质及其均匀性；

5 各项岩土性质指标，岩土的强度参数、变形参数、地基承载力的建议值；

6 地下水埋藏情况、类型、水位及其变化；

7 土和水对建筑材料的腐蚀性；

8　可能影响工程稳定的不良地质作用的描述和对工程危害程度的评价；

9　场地稳定性和适宜性的评价。

4.9.1　桩基岩土工程勘察应包括下列内容：

1　查明场地各层岩土的类型、深度、分布、工程特性和变化规律；

2　当采用基岩作为桩的持力层时，应查明基岩的岩性、构造、岩面变化、风化程度，确定其坚硬程度、完整程度和基本质量等级，判定有无洞穴、临空面、破碎岩体或软弱岩层；

3　查明水文地质条件，评价地下水对桩基设计和施工的影响，判定水质对建筑材料的腐蚀性；

4　查明不良地质作用，可液化土层和特殊性岩土的分布及其对桩基的危害程度，并提出防治措施的建议；

5　评价成桩可能性，论证桩的施工条件及其对环境的影响。

《市政工程勘察规范》CJJ 56—2012

4.4.1　市政工程详细勘察应针对工程特点和场地岩土工程条件，进行岩土工程分析与评价，提供设计和施工所需的岩土参数及有关结论和建议。

4.4.2　市政工程详细勘察工作内容应包括下列内容：

1　查明拟建场地不良地质作用的分布、规模、成因，分析发展趋势，评价其对拟建场地的影响，提出防治措施的建议；

2　查明场地地层结构及其物理、力学性质；

3　查明特殊性岩土、河湖沟坑及暗浜的分布范围，调查工程周边环境条件，分析评价其对设计与施工的影响；

4　查明地下水埋藏条件及其和地表水的补排关系，提供地下水位动态变化规律，根据需要分析评价其对工程的影响；

5　判定水、土对工程材料的腐蚀性；

6　对场地和地基的地震效应进行评价，提出抗震设计所需的有关参数；

7　根据需要，对地基工程性质、围岩分级及稳定性、边坡稳定性等进行分析与评价；

8　对设计与施工中的岩土工程问题进行分析评价，提供岩土工程技术建议和相关岩土参数。

《城市轨道交通岩土工程勘察规范》GB 50307—2012

7.2.1　详细勘察应查明各类工程场地的工程地质和水文地质条件，分析评价地基、围岩及边坡稳定性，预测可能出现的岩土工程问题，提出地基基础、围岩加固与支护、边坡治理、地下水控制、周边环境保护方案建议，提供设计、施工所需的岩土参数。

7.2.3　详细勘察应进行下列工作：

1　查明不良地质作用的特征、成因、分布范围、发展趋势和危害程度，提出治理方案的建议。

2 查明场地范围内岩土层的类型、年代、成因、分布范围、工程特性，分析和评价地基的稳定性、均匀性和承载能力，提出天然地基、地基处理或桩基等地基基础方案的建议，对需进行沉降计算的建（构）筑物、路基等，提供地基变形计算参数。

3 分析地下工程围岩的稳定性和可挖性，对围岩进行分级和岩土施工工程分级，提出对地下工程有不利影响的工程地质问题及防治措施的建议，提供基坑支护、隧道初期支护和衬砌设计、施工所需的岩土参数。

4 分析边坡的稳定性，提供边坡稳定性计算参数，提出边坡治理的工程措施建议。

5 查明对工程有影响的地表水体的分布、水位、水深、水质、防渗措施、淤积物分布及地表水与地下水的水力联系等，分析地表水体对工程可能造成的危害。

6 查明地下水的埋藏条件，提供场地的地下水类型、勘察时水位、水质、岩土渗透系数、地下水位变化幅度等水文地质资料，分析地下水对工程的作用，提出地下水控制措施的建议。

7 判定地下水和土对建筑材料的腐蚀性。

8 分析工程周边环境与工程的相互影响，提出环境保护措施的建议。

9 应确定场地类别，对抗震设防烈度大于6度的场地，应进行液化判别，提出处理措施的建议。

10 在季节性冻土地区，应提供场地土的标准冻结深度。

《北京地区建筑地基基础勘察设计规范》DBJ 11—501—2009（2016年版）

6.1.3 建筑地基勘察应符合下列要求：

1 查明不良地质作用，分析其发展趋势及危害程度，提出治理方案建议。

2 查明建筑场地地层的结构、成因、年代、岩土层的物理力学性质，对地基的均匀性做出评价，提供地基承载力。

2A 岩石地基的勘察，应查明岩石的地质年代、名称、风化程度及其空间分布特征，岩体结构面类型、性质、组合特征和发育程度，评价岩体基本质量等级。

3 本规范第3.0.3条规定的需要进行变形验算的建筑，应提供计算参数，预测建筑物的变形特征。

4 满足本规范第5.1.1条规定的对地下水的勘察要求。

4A 对位于地下水位以上并对建筑结构有影响的地层，应采取土试样进行土的腐蚀性测试，并评价土对建筑材料的腐蚀性。

5 提出经济合理、技术可靠的地基基础方案建议，分析评价设计、施工、运营中应注意的问题。

6 对场地地震效应进行评价。如存在断裂构造时，应评价断裂构造对工程的影响。

7 （此款删除）

7A 提供地下水控制方案、基坑开挖稳定性计算参数和边坡支护形式的建议，分析基坑施工降水、基坑开挖对工程周边环境的影响。

8 当工程需要时尚应提供：

1）（此项删除）

2）（此项删除）

3）采用放坡开挖时的边坡开挖坡率。

4）基坑或边坡涉及基岩时的岩土施工工程分级。岩土施工工程分级可根据岩土名称及特征、岩石饱和单轴抗压强度、钻深难度，按本规范附录 C-A 划分。

《房屋建筑和市政基础设施工程勘察文件编制深度规定》(2020 年版)

2.0.4　工程勘察报告应通过对前期勘察资料的整理、检查和分析，根据工程特点和设计提出的技术要求编写，应有明确的针对性，能正确反映场地工程地质条件、不良地质作用和地质灾害，做到资料真实完整、评价合理、建议可行。详细勘察阶段的勘察报告应满足施工图设计的要求。

3.0.1　勘察纲要应在搜集、分析已有资料和现场踏勘的基础上，依据勘察目的、任务委托要求和相应技术标准，针对拟建工程的特点编制。

3.0.2　勘察纲要应包括下列内容：

1　工程概况；

2　概述拟建场地环境、工程地质条件、附近参考地质资料（如有）；

3　勘察目的、任务要求及需解决的主要技术问题；

4　执行的技术标准；

5　选用的勘探方法；

6　勘察工作布置；

7　勘探完成后的现场处理；

8　拟采取的质量控制、安全保证和环境保护措施；

9　拟投入的仪器设备、人员安排、勘察进度计划等；

10　勘察安全、技术交底及验槽等后期服务；

11　拟建工程勘探点平面布置图。

3.0.3　勘察工作布置应包括下列内容：

1　钻探（井探、槽探、探洞）布置原则；

2　地球物理勘探、原位测试、现场试验的方法和布置原则；

3　勘探点测量要求；

4　取样方法和取样器选择，取岩、土样和水试样取样及其保护运输要求；

5　室内岩、土（水）试验内容、方法、数量；

6　需要进行工程地质测绘和调查时，应明确测绘范围和成果要求。

3.0.4　当勘察纲要中拟定的勘察工作不能满足要求时，应及时调整勘察纲要或编制补充勘察纲要。

4.1.1　勘察报告文字部分应包括下列内容：

1　工程概况与勘察工作概述；

2　场地环境与工程地质条件；

3　岩土指标统计；

> 4　岩土工程评价；
> 5　结论与建议。
> 4.1.2　市政桥梁、隧道工程勘察报告应根据要求分册编写，城市轨道交通工程勘察报告应按车站、区间等划分工点分册编写。

1.3.2　问题解析

1. 缺少勘察纲要或勘察纲要内容深度不够。

【解析】有的勘察纲要甚至没有钻孔平面布置图，造成现场钻探人员现场工作随意安排等问题。勘察纲要应在搜集、分析已有资料和现场踏勘的基础上，依据勘察目的、任务委托要求和相应技术标准，针对拟建工程的特点编制。

2. 勘察工作和评价针对性不够。

【解析】每个工程均有自己的特点和要求，工程地质和水文地质条件不同，勘察工作重点也是不同的。如桩基、地基处理和天然地基对勘察孔深度要求不一样，地下车库对地下水抗浮问题敏感等。另外，不同大类勘察也是不同的，如房屋建筑、市政工程、轨道交通勘察是有共性的，如岩土地层、地下水、承载力、变形参数等要求，也存在勘察目的、评价等侧重点不一样，需要根据相关规范要求进行勘察工作和评价。

3. 勘察工作不全面。

【解析】《岩土工程勘察规范》GB 50021—2001（2009 年版）第 4.1.11 条规定了勘察工作必须要有的内容，均属于强制性条款，不得漏项。

4. 勘察报告内容不完整。

【解析】《岩土工程勘察规范》GB 50021—2001（2009 年版）第 14.3.3 条规定了勘察报告必须要有的内容，均属于强制性条款，不得漏项。

勘察工作应遵守勘察的总体要求，才能保证整个勘察质量，服务设计施工整个建设过程。有些勘察报告，存在着勘察工作不够、评价内容不足或评价结论错误。主要原因是对标准认识和理解不够全面，有些方面有遗漏；另一方面是对工程特点认识不足，勘察工作和评价针对性差。具体内容后文会详细叙述。

2 工程与勘察工作概况

2.1 目的、任务要求

2.1.1 标准要求

《岩土工程勘察规范》GB 50021—2001（2009年版）

1.0.3A 岩土工程勘察应按工程建设各勘察阶段的要求，正确反映工程地质条件，查明不良地质作用和地质灾害，精心勘察、精心分析，提出资料完整、评价正确的勘察报告。

《房屋建筑和市政基础设施工程勘察文件编制深度规定》（2020年版）

4.2.5 勘察目的、任务要求和依据的技术标准应以现行技术标准和勘察合同要求为依据。

2.1.2 问题解析

1. 未明确勘察目的、任务。

【解析】如查明不良地质作用类型、成因、分布范围、发展趋势及危害程度，提出治理措施建议。勘察报告应有明确的勘察目的，勘察工作围绕勘察目的进行，勘察报告评价内容应与勘察目的一致。实践中有些勘察报告目的、任务不明确或缺失，或勘察报告明确的目的、任务，在勘察报告实际工作及评价中缺失。造成这样的原因很多，如有的建设单位对建设工作特别是勘察技术工作不熟悉，或者是勘察时设计单位尚未确定，提不出明确或针对性的勘察任务要求。

2. 在勘察工作之前，勘察单位没有接到勘察任务委托书或勘察合同就进行勘察。

【解析】勘察任务来源，是建设单位根据上部结构设计要求，委托具有相应资质的勘察单位进行工程勘察活动，并提供加盖委托单位公章的勘察任务委托书或勘察合同。

3. 《岩土工程勘察规范》GB 50021—2001（2009年版）第14.3.3条第1款明确要求勘察内容包括勘察目的、任务要求。

【解析】此项属于强制性条文，不可缺项。

2.2 依据的技术标准

2.2.1 标准要求

《房屋建筑和市政基础设施工程勘察文件编制深度规定》(2020年版)

2.0.1 工程勘察文件编制应根据工程与场地情况、设计要求选择依据的现行技术标准，同一部分内容涉及多个技术标准时，应在相应部分进一步明确所依据的技术标准。

2.0.2 工程勘察文件的术语、代号、符号和计量单位均应符合有关标准的规定。

2.0.4 工程勘察报告应通过对前期勘察资料的整理、检查和分析，根据工程特点和设计提出的技术要求编写，应有明确的针对性，能正确反映场地工程地质条件、不良地质作用和地质灾害，做到资料真实完整、评价合理、建议可行。详细勘察阶段的勘察报告应满足施工图设计的要求。

4.2.5 勘察目的、任务要求和依据的技术标准应以现行技术标准和勘察合同要求为依据。

依据的常用标准、规范有：

1 《岩土工程勘察规范》GB 50021—2001（2009年版）；

2 《高层建筑岩土工程勘察标准》JGJ/T 72—2017；

3 《建筑桩基技术规范》JGJ 94—2008；

4 《建筑工程地质钻探与取样技术规程》JGJ/T 87—2012；

5 《土工试验方法标准》GB/T 50123—2019；

6 《建筑地基基础设计规范》GB 50007—2011；

7 《建筑地基处理技术规范》JGJ 79—2012；

8 《建筑边坡工程技术规范》GB 50330—2013；

9 《建筑基坑支护技术规程》JGJ 120—2012；

10 《建筑基坑支护技术规程》DB 11/489—2016；

11 《建筑抗震设计规范》GB 50011—2010（2016年版）；

12 《建筑工程抗震设防分类标准》GB 50223—2008；

13 《中国地震动参数区划图》GB 18306—2015；

14 《公路工程地质勘察规范》JTG C20—2011；

15 《公路工程抗震规范》JTG B02—2013；

16 《公路土工试验规程》JTG E40—2017；

17 《市政工程勘察规范》CJJ 56—2012；

18 《城市轨道交通岩土工程勘察规范》GB 50307—2012；

19 《北京地区建筑地基基础勘察设计规范》DBJ 11—501—2009（2016年版）；

20 《房屋建筑和市政基础设施工程勘察文件编制深度规定》（2020年版）。

2.2.2　问题解析

1. 勘察依据的规范标准已废止。

【解析】勘察应依据现行标准，《房屋建筑和市政基础设施工程勘察文件编制深度规定》(2020 年版) 有明确规定。审查时，以审查时点作为标准是否现行有效的依据，或以勘察合同签订时点为依据。实践中，有的勘察报告对标准的把握不够准确，或罗列了一堆与勘察报告无关的标准，或采用已废止的标准，或使用的标准编号有误，或者列示的标准与实际采用的标准不一致或不匹配。

2. 任务要求与现行标准特别是强制性标准要求不一致。

【解析】当任务要求与现行标准特别是强制性标准要求不一致时，勘察报告要同时满足现行强制性标准和合同任务要求。

3. 详勘阶段勘察报告未满足施工图设计的要求。

【解析】勘察报告还要满足国家法律法规及强制性标准的基本要求，如项目立项、规划条件等。

4. 标准体系中内容交叉、重复、差异的处置。

【解析】我国现行标准体系包括国家标准、行业标准、地方标准，其内容有交叉重复，有些地方内容差异较大，使用时应考虑以下几个方面：

(1) 依据的技术标准的适用范围；

(2) 依据的技术标准与结构设计依据标准的协调性；

(3) 满足勘察任务书指定的技术标准；

(4) 对如土的分类、定名，土工试验特性指标的划分，液化判定公式，承载力确定等各标准间有差异的部分，应明确依据的标准。

5. 基础标准变化后的优先使用问题。

【解析】当某一基础标准发生变化时，优先使用适应该变化后的标准。如《中国地震动参数区划图》GB 18306—2015 更新后，相应的《建筑抗震设计规范》GB 50011—2010 (2016 年版) 也已经相应修改，目前还有部分抗震规范没有修改。

2.3　拟建工程概况

2.3.1　标准要求

《房屋建筑和市政基础设施工程勘察文件编制深度规定》(2020 年版)

4.2.1　工程概况与勘察工作概述应包括下列内容：

1　拟建工程概况；

2　勘察目的、任务要求和依据的技术标准；

3　岩土工程勘察等级；

4　勘察方法及勘察工作完成情况；

5　其他说明。

4.2.2 房屋建筑工程拟建工程概况应包括下列内容：

1 工程名称、委托单位名称、勘察阶段、工程位置；

2 拟定的层数（地上和地下）或高度，拟采用的结构类型、基础形式、埋置深度；

3 当设计条件已经明确时，应包括设计室内外地面标高、荷载条件、可能采用的地基和基础方案、大面积地面荷载、沉降及差异沉降的限制、振动荷载及振幅的限制等。

4.2.3 市政工程拟建工程概况包括下列内容：

1 工程名称、委托单位名称、勘察阶段、工程位置；

2 工程类别、特点、地面条件、基础形式、埋深、与其他管网的连接关系、初步拟定的施工方法等；

3 城市道路工程道路的起止位置（坐标、里程）、道路长度与路幅宽度、道路类别、路基类型、路面设计标高、沿线与其他线路的交叉位置、交叉形式和主要支挡构筑物位置等；

4 桥涵工程拟定的桥梁长度、宽度、等级、跨径、荷载情况、结构形式以及墩台拟采取的基础形式、埋深等；

5 隧道工程起止位置（坐标、里程）、长度、洞跨、洞高、洞距、设计高程、埋深、覆土厚度等；

6 室外管线起止位置（坐标、里程）、设计长度、管道类型、管材、管径以及穿越铁道、公路、河谷的位置、埋设深度和方式等；

7 地下管廊室起止位置（坐标、里程）、设计长度、宽度、埋设深度和方式等；

8 堤岸工程堤岸起止位置（坐标、里程）顶面设计标高、各段堤岸的结构类型、采取的基础形式、埋置深度等；

9 垃圾填埋工程垃圾类型、主要成分、处理方式、处理总量及日处理量，填埋场库区结构、坝型及坝高，渗沥液集排系统、污水池、管道等建（构）筑物结构、荷载、基础形式及埋深、防渗及结构变形要求、使用年限等。

4.2.4 城市轨道交通拟建工程概况应包括下列内容：

1 工程名称、委托单位名称、勘察阶段、工程位置；

2 总体工程及勘察区段概况、起止里程、车站和线路区间敷设类型、结构类型、尺寸、基础底面埋深（或标高）、地下结构顶板埋深（或标高）及覆盖土层厚度、初步拟定的施工方法等；

3 涉及车站的内容，包括车站中心里程、设计荷载、长度、宽度、基础埋深、主体结构类型；

4 涉及区间线路的内容，包括线路类型、线间距，地下区间线路联络通道、竖井、盾构始发（接收）井的位置及结构设计尺寸；

5 涉及高架车站、线路的内容，包括跨距、墩柱或桩设计荷载，高架区间跨越的铁路线、公路线、河流等；

6 涉及地面线路的内容，包括路基（路堤、路堑）及支挡结构物的设计条件。

《岩土工程勘察规范》GB 50021—2001（2009年版）

> **4.1.11　详细勘察应按单体建筑物或建筑群提出详细的岩土工程资料和设计、施工所需的岩土参数；对建筑地基作出岩土工程评价，并对地基类型、基础形式、地基处理、基坑支护、工程降水和不良地质作用的防治等提出建议。主要应进行下列工作：**
>
> **1　搜集附有坐标和地形的建筑总平面图，场区的地面整平标高，建筑物的性质、规模、荷载、结构特点，基础形式、埋置深度，地基允许变形等资料；**

2.3.2　问题解析

1. 不重视拟建项目工程概况搜集。

【解析】既要了解设计提供的资料，也要符合规划批复（含位置、坐标、层数等）要求。

2. 搜集拟建工程自身情况不全面。

【解析】《房屋建筑和市政基础设施工程勘察文件编制深度规定》（2020年版）第4.2.2条明确了房屋建筑工程拟建工程概况内容，第4.2.3条明确了市政工程拟建工程概况内容，第4.2.4条明确了城市轨道交通拟建工程概况内容。

3. 不了解场地地形、地貌情况，室外地坪标高以及将来挖、填方情况。

【解析】如果不了解挖方情况，可能导致孔深不足甚至还未到将来地面。填方荷载对承载力和变形验算也有很大影响。

4. 现场已有地上、地下建（构）筑物未调查清楚。

【解析】现场已有地上、地下建（构）筑物要调查清楚，特别是高压电线、地下管线等，是确定勘察方案的重要依据，更是现场勘察安全的重要保障。尽管相关法规、标准都有明确规定，但依然有工程事故出现。

5. 工程概况表述过于简单。

【解析】施工图审查工作中发现，部分勘察报告的“工程概况”表述过于简单，缺少一些基本的、重要的技术指标，如：

（1）拟建建筑物只有层数，没有总高度或未提供建筑物竖向设计荷载。

（2）未说明拟建建筑物的正负零标高或室外地坪标高，仅说明埋深，无法准确判断拟建建筑物基础的设计基底位置。

（3）有的工程，只给出建筑物的地下室层数，未明确基础底板埋深。

（4）市政工程或轨道交通工程，未明确工程拟采用的施工开挖工法。

（5）市政工程的管线勘察对各类管道的材质没有明确的说明，综合管廊未明确入廊管线与综合管廊的关系等。

（6）未明确工程所在地所属行政区域。应明确到乡、镇、街道，否则不能在动参数区划图中准确确定地震动参数。

（7）项目位置与规划不一致。

（8）独立基础未提供单柱荷载或单桩未提供承载力要求。

6. 工程概况不全面、不准确。

【解析】“工程概况”中不全面、不准确的叙述，对后面勘察工作布置和勘察报告的评价及结论都会带来一系列困难。特别是地形起伏较大或挖、填方较大的工程，问题更为突出。现分析如下：

（1）有些工业厂房的车间和公共展览馆厅，虽然只有一层或两层，由于建筑物内部空间大，柱之间跨度大，单柱荷载就会相当大；场地勘察时的勘探孔深度就应满足建筑物的柱间变形要求及整个建筑物的整体变形要求。如果仅凭“经验”判断，容易误判导致布置的勘探孔孔深不足。

（2）勘察时，如拟建建筑物未提供场地正负零标高，现场遇到大面积挖方或填方区域时，将无法确定拟建建筑物的设计地面或室外地坪位置，可能导致勘探孔深度不足，影响地基基础的岩土评价，难以满足设计要求。

（3）当建筑物只有地下室层数，未明确基础底板埋深时，因地下室的功能不同，其层高也会有差异；一些勘察人员按经验预测地下室的基础底板埋深，有时差异较大，会严重影响基坑工程评价。

（4）城市轨道交通工程和市政管线工程，由于施工受地面交通和周围环境条件限制，会采用不同的施工工法（如明挖、暗挖、盾构等）；而不同的施工方法，对应不同的工法和设计要求，对于勘察来说，就要求提供不同的岩土工程设计参数、岩土工程评价和施工措施建议。如果施工工法变更，可能会导致勘察工作及评价不足。

（5）市政勘察的管线工程，涉及雨水、污水、中水、热力、通信等多种类管线，管道材料也多种多样。同样也涉及施工方法问题（如明挖、顶管等），此外市政工程还涉及管材问题。《市政工程勘察规范》CJJ 56—2012 第 8.1.4 条要求：“……对钢、铸铁金属管道，尚应对管道埋设深度范围内各岩土层进行电阻率测试。”

高质量的岩土工程勘察报告，离不开报告中“工程概况”对拟建工程的规模、范围、设计要求、结构类型及特点的准确详述。《岩土工程勘察规范》GB 50021—2001（2009 年版）中第 4.1.11 条第 11 款对岩土工程勘察的前期工作就有明确的规定：“搜集附有坐标和地形的建筑总平面图，场区的地面整平标高，建筑物的性质、规模、荷载、结构特点，基础形式，埋置深度，地基允许变形等资料；”因此，在进行一项岩土工程勘察前，勘察技术人员应首先了解拟建建筑物的设计条件和结构特征，据此有针对性地制定勘察工作方案，布置相应的现场勘探、原位测试和室内土工试验工作量，并最终对工程作出正确、客观的岩土工程评价。

2.4 勘察分级和地基复杂程度分级

2.4.1 标准要求

《岩土工程勘察规范》GB 50021—2001（2009 年版）

3.1.4 根据工程重要性等级、场地复杂程度等级和地基复杂程度等级，可按下列条件划分岩土工程勘察等级。

甲级　在工程重要性、场地复杂程度和地基复杂程度等级中，有一项或多项为一级；

乙级　除勘察等级为甲级和丙级以外的勘察项目；

丙级　工程重要性、场地复杂程度和地基复杂程度等级均为三级。

注：建筑在岩质地基上的一级工程，当场地复杂程度等级和地基复杂程度等级均为三级时，岩土工程勘察等级可定为乙级。

《市政工程勘察规范》CJJ 56—2012

3.0.1　市政工程勘察应根据市政工程的重要性、场地复杂程度和岩土条件复杂程度进行等级划分，并应符合下列规定：

1　市政工程的重要性等级应结合项目特点，按表 3.0.1-1 划分。

表 3.0.1-1　市政工程重要性等级划分

工程类别		一级	二级	三级
道路工程		快速路和主干路	次干路	支路、公交场站和城市广场的道路与地面工程
桥涵工程		特大桥、大桥	除一级、三级之外的城市桥涵	小桥、涵洞及人行地下通道
隧道工程		均按一级	—	—
室外管道工程	顶管或定向钻方法施工	均按一级	—	—
	明挖法施工	$z>8$m	5m$\leqslant z\leqslant$8m	$z<5$m
给排水厂站工程		大型、中型厂站	小型厂站	—
堤岸工程		桩式堤岸和桩基加固的混合式堤岸	圬工结构或钢筋混凝土结构的天然地基堤岸	土堤

注：1　根据设计路面标高与原地面标高的相对关系，道路工程可分为一般路基、高路堤、陡坡路堤和路堑。高路堤、陡坡路和路堑的工程重要性等级宜在表 3.0.1-1 基础上提高一级；

2　z 为管道工程基坑开挖深度。

2　市政工程的场地复杂程度等级宜按表 3.0.1-2 划分。

表 3.0.1-2　场地复杂程度等级

等级	场地复杂长度	划分依据
一级	复杂	地形地貌复杂；抗震危险地段；不良地质作用强烈发育；地质环境已经或可能受到强烈破坏；地下水对工程的影响大；周边环境条件复杂
二级	中等复杂	地形地貌较复杂；抗震不利地段；不良地质作用不发育；地质环境已经或可能受到一般破坏；地下水对工程影响一般；周边环境条件中等复杂
三级	简单	地形地貌简单；抗震一般或有利地段；不良地质作用不发育；地质环境基本未受破坏；地下水对工程无影响；周边环境条件简单

注：1　等级划分只需满足划分依据中任何一个条件即可；

2　从一级开始，向二级、三级推定，以最先满足的为准。

3　市政工程的岩土条件复杂程度等级宜按表 3.0.1-3 划分。

表 3.0.1-3 岩土条件复杂程度等级

等级	岩土条件复杂程度	划分依据
一级	复杂	岩土种类多，很不均匀；围岩或地基、边坡的岩土性质变化大；存在需进行专门治理的特殊性岩土
二级	中等复杂	岩土种类较多，不均匀；围岩或地基、边坡的岩土性质变化较大；特殊性岩土不需要专门治理
三级	简单	岩土种类单一，均匀；围岩或地基、边坡的岩土性质变化不大；无特殊性岩土

注：1 等级划分只需满足划分依据中任何一个条件即可；
2 从一级开始，向二级、三级推定，以最先满足的为准。

4 市政工程的勘察等级可按表 3.0.1-4 划分。

表 3.0.1-4 市政工程的勘察等级

等级	划分条件
甲级	在工程重要性等级、场地复杂等级、岩土条件复杂程度等级中有一项或多项为一级的
乙级	除甲级和丙级以外的勘察项目
丙级	工程重要性等级、场地复杂程度等级、地基复杂程度等级均为三级

《城市轨道交通岩土工程勘察规范》GB 50307—2012

3.0.7 工程重要性等级可根据工程规模、建筑类型和特点以及因岩土工程问题造成工程破坏的后果，按照表 3.0.7 的规定进行划分。

表 3.0.7 工程重要性等级

工程重要性等级	工程破坏的后果	工程及建筑类型
一级	很严重	车站主体、各类通道、地下区间、高架区间、大中桥梁、地下停车场、控制中心、主变电站
二级	严重	路基、涵洞、小桥、车辆基地内的各类房屋建筑、出入口、风井、施工竖井、盾构始发(接收)井
三级	不严重	次要建筑物、地面停车场

《北京地区建筑地基基础勘察设计规范》DBJ 11—501—2009（2016 年版）

6.1.4 建筑场地按地形地貌、地层结构和地下水位等因素的变化情况和复杂程度分为三类：

1 简单场地：地形平坦，地基岩土均匀良好，成因单一，地下水位较低，对工程无明显影响，无特殊性岩土。

2 中等复杂场地：地形基本平坦，地基岩土比较软弱且不均匀，地下水位较高，对建筑物有一定影响，局部分布有特殊性岩土。

3 复杂场地：地形高差很大，地基岩土成因复杂，土质软弱且显著不均匀，地下水位高，对工程有重大影响，分布有特殊性岩土。

《高层建筑岩土工程勘察标准》JGJ/T 72—2017

3.0.2　高层建筑岩土工程勘察的勘察等级，应根据高层建筑规模和特征、场地、地基复杂程度以及破坏后果的严重程度，划分为三个等级，具体划分时，应符合表3.0.2的规定。

表3.0.2　高层建筑岩土工程勘察等级划分

勘察等级	高层建筑规模和特征、场地和地基复杂程度及破坏后果的严重程度
特级	符合下列条件之一，破坏后果很严重： 1　高度超过250m(含250m)的超高层建筑； 2　高度超过300m(含300m)的高耸结构； 3　含有周边环境特别复杂或对基坑变形有特殊要求基坑的高层建筑
甲级	符合下列条件之一，破坏后果很严重： 1　30层(含30层)以上或高于100m(含100m)但低于250m的超高层建筑(包含住宅、综合性建筑和公共建筑)； 2　体型复杂，层数相差超过10层的高低层连成一体的高层建筑； 3　对地基变形有特殊要求的高层建筑； 4　高度超过200m，但低于300m的高耸结构，或重要的工业高耸结构； 5　地质环境复杂的建筑边坡上、下的高层建筑； 6　属于一级(复杂)场地，或一级(复杂)地基的高层建筑； 7　对既有工程影响较大的新建高层建筑； 8　含有基坑支护结构安全等级为一级基坑工程的高层建筑
乙级	符合下列条件之一，破坏后果很严重： 1　不符合特级、甲级的高层建筑和高耸结构； 2　高度超过24m、低于100m的综合性建筑和公共建筑； 3　位于邻近地质条件中等复杂、简单的建筑边坡上、下的高层建筑； 4　含有基坑支护结构安全等级为二级、三级基坑工程的高层建筑

注：1　建筑边坡地质环境复杂程度按现行国家标准《建筑边坡工程技术规范》GB 50330划分判定；
2　场地复杂程度和地基复杂程度的等级按现行国家标准《岩土工程勘察规范》GB 50021判定；
3　基坑支护结构的安全等级按现行行业标准《建筑基坑支护技术规程》JGJ 120判定。

2.4.2　问题解析

1. 未进行勘察等级的划分。

【解析】 勘察等级的划分，应根据勘察项目类型明确划分的标准和依据。勘察等级划分目前有3个标准，分别是《岩土工程勘察规范》GB 50021—2001（2009年版）、《高层建筑岩土工程勘察标准》JGJ/T 72—2017、《市政工程勘察规范》CJJ 56—2012。

2. 不理解划分勘察等级的意义。

【解析】（1）工程等级与工程重要性等级、场地复杂程度等级和地基复杂程度等级有关。有些规范如《岩土工程勘察规范》GB 50021—2001（2009年版）与勘察收费有关。

（2）勘察等级与工作量有关。《岩土工程勘察规范》GB 50021—2001（2009年版）、《市政工程勘察规范》CJJ 56—2012勘察分级与勘察工作量有关，勘察钻孔间距等工作量直接与场地复杂程度有关，特别是复杂场地，如果工作量不足，可能漏掉重要地基和地质信息。

2.5 勘察工程布置及完成情况

2.5.1 标准要求

《房屋建筑和市政基础设施工程勘察文件编制深度规定》(2020年版)

4.2.6 勘察方法及勘察工作完成情况应包括下列内容：
1 工程地质测绘和调查的范围、面积、比例尺以及测绘、调查的方法；
2 勘探工作布置、勘探设备和方法，完成工作量和完成时间；
3 原位测试的种类、数量、方法；
4 采用的取样器和取样方法，取样（土样、岩样和水样）数量；
5 室内试验完成情况；
6 勘探孔封孔及探井、探槽、探洞回填情况；
7 引用已有资料情况；
8 勘探点测放依据，引测点高程和坐标系统；
9 协作项目的说明；
10 其他问题说明。

2.5.2 问题解析

勘察方法及勘察工作完成情况表述不全面或错误。

【解析】常见如下几种情况：

(1) 未提出钻孔引测点施测依据的点号、坐标及高程值。

(2) 如“勘察外业工作于2020年1月2日开始，至2019年1月16日完成”，报告中工程勘察外业时间描述错误。

(3) 未说明勘探孔封孔探井、探槽、探洞回填情况。

(4) 未说明勘探工作手段、完成钻探等主要设备、工艺。

(5) 因施工条件不具备，未完成的勘察孔应说明如何处置。

(6) 借用钻孔成果，在完成工作量、勘探点与拟建建（构）筑物平面配置图中，未见说明。

(7) 作为勘探点测放重要依据的引测点位置、坐标系、高程系在报告中未明确。

特别是有些勘察报告采用假定坐标系、假定高程系因未明确导致设计、施工误用，出现质量事故。如勘探点测放依据中未明示北京坐标系，未明示北京高程系统，工程地质剖面图中高程却标注为黄海高程系。部分勘察报告中出现勘探孔放点一览表中 X、Y 坐标弄反了的情况。

勘察工作布置是保障勘察报告符合要求的重要环节，只有科学地布置勘探工作，才能保证后续工作的质量。其中有些工作或因现场情况变化或认识不足，导致有些工作未全面完成，或因工作失误出现钻头、钻杆等掉入钻孔中无法取出。这些都要在勘察报告中明确，评价这些问题对工程的影响，提出进一步处理措施的建议。认真编制勘察纲要，并现场严格执行勘察纲要，地层变化较大时，应调整勘察纲要。现场记录应真实，描述应准确、规范。

3 勘探点的布置

3.1 勘探点的布置原则

3.1.1 标准要求

《岩土工程勘察规范》GB 50021—2001（2009年版）

4.1.17 详细勘察的单栋高层建筑勘探点的布置，应满足对地基均匀性评价的要求，且不应少于4个；对密集的高层建筑群，勘探点可适当减少，但每栋建筑物至少应有1个控制性勘探点。

4.1.16 详细勘察的勘探点布置，应符合下列规定：

1 勘探点宜按建筑物周边线和角点布置，对无特殊要求的其他建筑物可按建筑物或建筑群的范围布置；

2 同一建筑范围内的主要受力层或有影响的下卧层起伏较大时，应加密勘探点，查明其变化；

3 重大设备基础应单独布置勘探点；重大的动力机器基础和高耸构筑物，勘探点不宜少于3个；

4 勘探手段宜采用钻探与触探相配合，在复杂地质条件、湿陷性土、膨胀岩土、风化岩和残积土地区，宜布置适量探井。

《城市轨道交通岩土工程勘察规范》GB 50307—2012

7.3.6 地下工程控制性勘探孔的数量不应少于勘探点总数的1/3。采取岩土试样及原位测试勘探孔的数量：车站工程不应少于勘探点总数的1/2，区间工程不应少于勘探点总数的2/3。

7.3.4 勘探点的平面布置应符合下列规定：

1 车站主体勘探点宜沿结构轮廓线布置，结构角点以及出入口与通道、风井与风道、施工竖井与施工通道、联络通道等附属工程部位应有勘探点控制。

2 每个车站不应少于2条纵剖面和3条有代表性的横剖面。

3 车站采用承重柱时，勘探点的平面布置宜结合承重柱的位置布设。

4 区间勘探点宜在隧道结构外侧3m～5m的位置交叉布置。

5 在区间隧道洞口、陡坡段、大断面、异型断面、工法变换等部位以及联络通道、渡线、施工竖井等应有勘探点控制，并布设剖面。

6　山岭隧道勘探点的布置可执行现行行业标准《铁路工程地质勘察规范》TB 10012 的有关规定。

3.1.2　问题解析

1. 勘探点布置数量不足或布置不合理。

【解析】 对单栋建筑物宜按建筑物周边线和角点布置，目的是控制建筑物范围地层分布，重点部位要有控制孔；对于密集建筑物可以按场地均匀布置勘探点，每栋高层也至少有一个控制孔。

勘探点布置原则：《岩土工程勘察规范》GB 50021—2001（2009 年版）第 4.1.17 条是强制性条文，应严格执行。该条规定了控制性钻孔的基本数量。《北京地区建筑地基基础勘察设计规范》DBJ 11—501—2009（2016 年版）规定“控制性勘探孔是指为查明地基岩土物理力学性质而布置的钻孔，钻孔深度应满足软弱下卧层验算和地基变形计算的要求，并在钻孔内取土、原位测试或其他试验。”其他为非强制性条文，原则上也是应该执行的。

2. 该补孔时未补孔。

【解析】 对于不均匀地基，勘察网格布孔，地层高差较大的，未按规范补孔。

3.2　勘探点间距

3.2.1　标准要求

《岩土工程勘察规范》GB 50021—2001（2009 年版）

4.1.15　详细勘察勘探点的间距可按表 4.1.15 确定。

表 4.1.15　详细勘察勘探点的间距（m）

地基复杂程度等级	勘探点间距
一级(复杂)	10～15
二级(中等复杂)	15～30
三级(简单)	30～50

《市政工程勘察规范》CJJ 56—2012

5.4.2　详细勘察勘探点的布置应符合下列规定：

1　道路勘探点宜沿道路中线布置。当一般路基的道路宽度大于 50m、其他路基形式的道路宽度大于 30m 时，宜在道路两侧交错布置勘探点。当路基岩土条件特别复杂时，应布置横剖面。

2　详细勘察勘探点的间距可根据道路分类、场地和岩土条件的复杂程度按表 5.4.2 确定。公交场站和城市广场的道路与地方可按方格网布置勘探点，勘探点间距宜为 50m～100m。

表 5.4.2　详细勘察勘探点间距（m）

场地及岩土条件复杂程度	一般路基	高路堤、陡坡路堤	路堑、支挡结构
一级	50～100	30～50	30～50
二级	100～200	50～100	50～75
三级	200～300	100～200	75～150

3　每个地貌单元、不同地貌单元交界部位、相同地貌内的不同工程地质单元均应布置勘探点，在微地貌和地层变化较大的地段应予以加密。

4　路堑、陡坡路堤及支挡工程的勘察，应在代表性的区段布设工程地质横断面，每条横断面上的勘探点不应少于 2 个。

5　当线路通过沟、浜、湮埋的沟坑和古河道等地段时，勘探点的间距宜控制在 20m～40m，控制边界线勘探点间距可适当加密。

8.4.2　详细勘察的勘探点布置应符合下列规定：

1　明挖管道勘探点宜沿管道中线布置；因现场条件需移位调整时，勘探点位置不宜偏离管道外边线 3m；顶管、定向钻施工管道的勘探点宜沿管道外侧交叉布置，并满足设计、施工要求；

2　管道走向转角处、工作井（室）宜布置勘探点；

3　管道穿越河流时，河床及两岸均应布置勘探点；穿越铁路、公路时，铁路和公路两侧应布置勘探点；

4　详细勘察勘探点间距宜符合表 8.4.2 的规定。

表 8.4.2　详细勘察勘探点间距（m）

场地或岩土 条件复杂程度	埋深小于 5m， 明挖施工	埋深 5m～8m， 明挖施工	埋深大于 8m， 明挖施工	顶管、定 向钻施工
一级	50～100	40～75	30～50	20～30
二级	100～150	75～100	50～75	30～50
三级	150～200	100～200	75～150	50～100

《城市轨道交通岩土工程勘察规范》GB 50307—2012

7.3.3　勘探点间距根据场地的复杂程度、地下工程类别及地下工程的埋深、断面尺寸等特点可按表 7.3.3 的规定综合确定。

表 7.3.3　勘探点间距（m）

场地复杂程度	复杂场地	中等复杂场地	简单场地
地下车站勘探点间距	10～20	20～40	40～50
地下区间勘探点间距	10～30	30～50	50～60

7.5.7 勘探点的平面布置应符合下列规定：

1 一般路基勘探点间距为50m～100m，高路堤、深路堑、支挡结构勘探点间距可根据场地复杂程度按表7.5.7的规定综合确定。

表7.5.7 勘探点间距（m）

复杂场地	中等复杂场地	简单场地
15～30	30～50	50～60

2 高路堤、陡坡路堤、深路堑应根据基底和斜坡的特征，结合工程处理措施，确定代表性工程地质断面的位置和数量。每个断面的勘探点不宜少于3个，地质条件简单时不宜少于2个。

3 深路堑工程遇有软弱夹层或不利结构面时，勘探点应适当加密。

4 支挡结构的勘探点不宜少于3个。

5 涵洞的勘探点不宜少于2个。

《北京地区建筑地基基础勘察设计规范》DBJ 11—501—2009（2016年版）

6.2.1 勘探点间距和数量应根据建筑物特点和场地岩土工程条件综合确定，并符合下列规定：

1 勘探点间距宜按建筑场地的复杂程度确定：

简单场地为30m～50m；中等复杂场地为15m～30m；复杂场地为10m～15m。

2 勘探点宜沿主要承重的墙、柱轴线、核心筒布置。在荷载和建筑体型突变部位宜适当布置勘探点。

3 控制性勘探点的数量应按地基岩土的复杂程度确定，宜占勘探点总数的1/3～1/2，每幢重要的建筑物不应少于2个。

4 对高重心的独立构筑物，如烟囱、水塔等，勘探点不宜少于3个，其中控制性勘探点不宜少于2个。

5 单幢高层建筑的勘探点不应少于4个，且至少有2个控制性勘探点，统建小区中的密集高层建筑群应保证每幢高层建筑至少有1个控制性勘探点。在地层变化复杂和埋藏有古河道的地区，勘探点应适当加密。

6 同一建筑物范围内的主要地基持力层或有影响的下卧层起伏变化较大时，应补点查清其起伏变化情况，达到相邻勘探点的层顶高差不大于1m或补点至间距10m。

7 桩基础方案的勘探点间距，端承型桩宜为12m～24m，相邻勘探点持力层层顶高差，对预制端承桩宜控制为不大于1m或补点至间距10m，对端承型灌注桩宜控制为1m～2m；摩擦型桩勘探点间距宜为20m～35m。当地质条件复杂、影响成桩或设计有特殊要求时，勘探点应适当加密。

8 对复杂地基或荷载较大的一柱一桩工程，宜每柱布置勘探点。

3.2.2　问题解析

1. 勘探点间距过大，或相邻勘探点主要持力层层顶高差过大未补孔。

【解析】勘探点间距主要和场地及岩土条件复杂程度有关，未满足有关规范要求，原因是，一是技术人员对规范的把握不够，二是为了市场竞争，减少了工作量。相邻勘探点主要持力层层顶高差过大，主要发生在山区勘察，需注意补孔间距。勘探点间距在相关标准中都有规定，因工程特点有一定差异，核心要求是满足场地和地基评价要求。

2. 钻孔移位较大，未提出相关措施建议。

【解析】部分钻孔有偏移、局部钻孔间距偏大，未要求施工中加强验槽工作。

3.3　勘探深度

3.3.1　标准要求

《岩土工程勘察规范》GB 50021—2001（2009年版）

4.1.18　详细勘察的勘探深度自基础底面算起，应符合下列规定：

1　勘探孔深度应能控制地基主要受力层，当基础底面宽度不大于5m时，勘探孔的深度对条形基础不应小于基础底面宽度的3倍，对单独柱基不应小于1.5倍，且不应小于5m；

2　对高层建筑和需作变形验算的地基，控制性勘探孔的深度应超过地基变形计算深度；高层建筑的一般性勘探孔应达到基底下0.5倍～1.0倍的基础宽度，并深入稳定分布的地层；

3　对仅有地下室的建筑或高层建筑的裙房，当不能满足抗浮设计要求，需设置抗浮桩或锚杆时，勘探孔深度应满足抗拔承载力评价的要求；

4　当有大面积地面堆载或软弱下卧层时，应适当加深控制性勘探孔的深度；

5　在上述规定深度内遇基岩或厚层碎石土等稳定地层时，勘探孔深度可适当调整。

4.1.19　详细勘察的勘探孔深度，除应符合第4.1.18条的要求外，尚应符合下列规定：

1　地基变形计算深度，对中、低压缩性土可取附加压力等于上覆土层有效自重压力20%的深度；对于高压缩性土层可取附加压力等于上覆土层有效自重压力10%的深度；

2　建筑总平面内的裙房或仅有地下室部分（或当基底附加压力 $p_0 \leqslant 0$ 时）的控制性勘探孔的深度可适当减小，但应深入稳定分布地层，且根据荷载和土质条件不宜少于基底下0.5倍～1.0倍基础宽度；

3　当需进行地基整体稳定性验算时，控制性勘探孔深度应根据具体条件满足验算要求；

4　当需确定场地抗震类别而邻近无可靠的覆盖层厚度资料时，应布置波速测试孔，其深度应满足确定覆盖层厚度的要求；

5　大型设备基础勘探孔深度不宜小于基础底面宽度的2倍；

6 当需进行地基处理时，勘探孔的深度应满足地基处理设计与施工要求；当采用桩基时，勘探孔的深度应满足本规范第4.9节的要求。

4.9.4 （桩基工程）勘探孔的深度应符合下列规定：

1 一般性勘探孔的深度应达到预计桩长以下 $3d$～$5d$（d 为桩径），且不得小于3m；对大直径桩，不得小于5m；

2 控制性勘探孔深度应满足下卧层验算要求；对需验算沉降的桩基，应超过地基变形计算深度；

3 钻至预计深度遇软弱层时，应予加深；在预计勘探孔深度内遇稳定坚实岩土时，可适当减小；

4 对嵌岩桩，应钻入预计嵌岩面以下 $3d$～$5d$，并穿过溶洞、破碎带，到达稳定地层；

5 对可能有多种桩长方案时，应根据最长桩方案确定。

《市政工程勘察规范》CJJ 56—2012

6.4.3 勘探孔深度应符合下列规定：

1 当拟采用天然地基时，勘探孔深度应能控制地基主要受力层。一般性勘探孔应达到基底下（0.5～1.0）倍的基础宽度，且不应小于5m；控制性勘探孔的深度应超过地基变形计算深度；对覆盖层较薄的岩质地基，勘探孔深度应达到可能的持力层（或埋置深度）以下3m～5m；

2 当拟采用桩基时，控制性勘探孔应穿透桩端平面以下压缩层厚度；一般性勘探孔深度宜达到预计的桩端以下（3～5）倍桩径，且不应小于3m，对于大直径桩不应小于5m；嵌岩桩的控制性勘探孔应深入预计嵌岩面以下（3～5）倍桩径，一般性勘探孔应深入预计嵌岩面以下（1～3）倍桩径，并应穿过溶洞、破碎带，到达稳定地层；

3 当采用沉井基础时，勘探孔深度应根据沉井刃脚埋深和地质条件确定，宜达到沉井刃脚以下（0.5～1.0）倍沉井直径（宽度），并不应小于5m。

《城市轨道交通岩土工程勘察规范》GB 50307—2012

7.3.5 勘探孔深度应符合下列规定：

1 控制性勘探孔的深度应满足地基、隧道围岩、基坑边坡稳定性分析、变形计算以及地下水控制的要求。

2 对车站工程，控制性勘探孔应进入结构底板以下不小于25m或进入结构底板以下中等风化或微风化岩石不小于5m，一般性勘探孔深度应进入结构底板以下不小于15m或进入结构底板以下中等风化或微风化岩石不小于3m。

3 对区间工程，控制性勘探孔的深度应进入结构底板以下不小于3倍隧道直径（宽度）或进入结构底板以下中等风化或微风化岩石不小于5m，一般性勘探孔应进入结构底板以下不小于2倍隧道直径（宽度）或进入结构底板以下中等风化或微风化岩石不小于3m。

4　当采用承重柱、抗拔桩或抗浮锚杆时，勘探孔深度应满足其设计的要求。

7.4.4　勘探孔深度应符合下列规定：

1　墩台基础的控制性勘探孔应满足沉降计算和下卧层验算要求。

2　墩台基础的一般性勘探孔应达到基底以下10m～15m或墩台基础底面宽度的2倍～3倍；在基岩地段，当风化层不厚或为硬质岩时，应进入基底以下中等风化岩石地层2m～3m。

3　桩基的控制性勘探孔深度应满足沉降计算和下卧层验算要求，应穿透桩端平面以下压缩层厚度；嵌岩桩的控制性勘探孔应深入预计桩端平面以下不小于3倍～5倍桩身设计直径，并穿过溶洞、破碎带，进入稳定地层。

4　桩基的一般性勘探孔深度应深入预计桩端平面以下3倍～5倍桩身设计直径，且不应小于3m，大直径桩不应小于5m。嵌岩桩一般性勘探孔应深入预计桩端平面以下不小于1倍～3倍桩身设计直径。

7.5.9　勘探孔深度应符合下列规定：

1　控制性勘探孔深度应满足地基、边坡稳定性分析及地基变形计算的要求。

2　一般路基的一般性勘探孔深度不应小于5m，高路堤不应小于8m。

3　路堑的一般性勘探孔深度应能探明软弱层厚度及软弱结构面产状，且穿过潜在滑动面并深入稳定地层内2m～3m，满足支护设计要求；地下水发育地段，根据排水工程需要适当加深。

4　支挡结构的一般性勘探孔深度应达到基底以下不小于5m。

5　基础置于土中的涵洞一般性勘探孔深度应按表7.5.9的规定确定。

表7.5.9　涵洞勘探孔深度（m）

碎石土	砂土、粉土和黏性土	软土、饱和砂土等
3～8	8～15	15～20

注：1　勘探孔深度应由结构底板算起；
　　2　箱形涵洞勘探孔应适当加深。

6　遇软弱土层时，勘探孔应适当加深。

《高层建筑岩土工程勘察标准》JGJ/T 72—2017

4.2.2　高层建筑详细勘察阶段勘探孔的深度应符合下列规定：

1　控制性勘探孔深度应超过地基变形的计算深度。

2　控制性勘探孔深度，对于箱形基础或筏形基础，在不具备变形深度计算条件时，可按式（4.2.2-1）计算确定：

$$d_c = d + \alpha_c \beta b \tag{4.2.2-1}$$

式中　d_c——控制性勘探孔的深度（m）；

d——箱形基础或筏形基础埋置深度（m）；

α_c——与土的压缩性有关的经验系数，根据基础下的地基主要土层按表4.2.2取值；

β——与高层建筑层数或基底压力有关的经验系数，对勘察等级为甲级的高层建筑可取 1.1，对乙级高层建筑可取 1.0；

b——箱形基础或筏形基础宽度，对圆形基础或环形基础，按最大直径考虑，对不规则形状的基础，按面积等代成方形、矩形或圆形面积的宽度或直径考虑（m）。

表 4.2.2 经验系数 α_c、α_g 值

土类 / 值别	碎石土	砂土	粉土	黏性土（含黄土）	软土
α_c	0.5～0.7	0.7～0.8	0.8～1.0	1.0～1.5	1.5～2.0
α_g	0.3～0.4	0.4～0.5	0.5～0.7	0.7～1.0	1.0～1.5

注：1 表中范围值对同一类土中，地质年代老、密实或地下水位深者取小值，反之取大值；
2 $b\geqslant$50m 时，取小值；$b\leqslant$20m 时，取大值；b 为 20m～50m 时，取中间值。

3 一般性勘探孔的深度应适当大于主要受力层的深度，对于箱形基础或筏形基础可按式（4.2.2-2）计算确定：

$$d_g = d + \alpha_g \beta b \quad (4.2.2\text{-}2)$$

式中 d_g——一般性勘探孔的深度（m）；

α_g——与土的压缩性有关的经验系数，根据基础下的地基主要土层按表 4.2.2 取值。

4 一般性勘探孔，在预定深度范围内，有比较稳定且厚度超过 3m 的坚硬地层时，可钻入该层适当深度并能正确定名和判明其性质；当在预定深度内遇软弱地层时应加深或钻穿。

5 在基岩和浅层岩溶发育地区，当基础底面下的土层厚度小于地基变形计算深度时，一般性钻孔应钻至完整、较完整基岩面；控制性钻孔应深入完整、较完整基岩 3m～5m，甲级高层建筑取大值，乙级取小值；专门查明溶洞或土洞的钻孔深度应深入洞底完整地层 3m～5m。

6 在花岗岩地区，对箱形或筏形基础，勘探孔宜穿透强风化岩至中风化、微风化岩，控制性勘探孔宜进入中、微风化岩 3m～5m，一般性勘探孔宜进入中、微风化岩 1m～2m；当强风化岩很厚时，勘探孔宜穿透强风化中带，进入强风化下带，控制性孔宜进入 3m～5m，一般性孔宜进入 1m～2m。

《北京地区建筑地基基础勘察设计规范》DBJ 11—501—2009（2016 年版）

6.2.2 勘探孔深度应根据建筑物的特性、基础类型和地基岩土性质确定，并应满足下列要求：

1 控制性勘探孔的深度应超过地基变形计算深度。地基变形计算深度，对中、低压缩性土层取附加压力等于上覆土层有效自重压力 20%的深度；对高压缩性土层取附加压力等于上覆土层有效自重压力 10%的深度。

2　一般性勘探孔深度应能控制地基主要受力层。在基础底面宽度不大于 5m 时，勘探孔深度对条形基础不应小于基础底面宽度的 3 倍，对独立基础不应小于 1.5 倍，且不应小于 5m；对地基基础设计等级为三级的建筑，在该范围内遇有稳定分布的中、低压缩性地层时，勘探孔深度可酌情减浅。高层建筑的一般性勘探孔深度应达到基底以下高层部分基础宽度的 0.5 倍～1.0 倍，并进入稳定分布的地层，当稳定分布的地层为坚硬地层时可适当减浅。有经验的地区，一般性勘探孔深度可适当减小。

3　对仅有地下室的建筑或高层建筑的裙房，勘探孔深度应满足基坑支护的需要，如考虑采用抗浮桩或锚杆时，勘探孔深度应满足抗浮桩或锚杆抗拔承载力评价的要求。

4　采用天然地基方案，在上述规定深度范围内遇基岩或厚层碎石土等稳定地层时，勘探孔深度可根据实际情况进行调整。

5　当有大面积地面堆载或软弱下卧层时，应适当加深控制性勘探孔的深度。

6　当需要进行地基整体稳定性验算时，控制性勘探孔的深度应满足验算要求。

7　桩基础的一般性勘探孔深度应达到预计桩端以下 $3d$～$5d$（d 为桩径），且不应小于桩端下 3m，对大直径桩不应小于桩端下 5m。控制性勘探孔的深度，应满足软弱下卧层验算的要求；对需要验算沉降的桩基，勘探孔深度应超过地基变形计算深度。当钻至预计深度遇软弱层时，勘探孔深度应予加深；在预计深度内遇稳定坚实岩土时，勘探孔深度可适当减浅。

8　对嵌岩桩，勘探孔深度应达到嵌岩面以下 $3d$～$5d$，并穿过破碎带、节理裂隙密集带，到达稳定地层。

9　对可能有多种桩长方案时，应根据长桩方案确定勘探孔深度。

6.2.3　复合地基的勘探点间距可按第 6.2.1 条确定，并满足第 11 章的规定。复合地基勘探孔深度，对多层建筑，应满足承载力和软弱下卧层评价的要求；对高层建筑或高低层荷载差异大、对复合地基变形要求严格的建筑，勘探孔深度应满足地基变形计算的要求。

3.3.2　问题解析

1. 复合地基或桩基勘探孔深度不够。

【解析】规范规定，对于复合地基或桩基，控制性勘探孔的深度应满足软弱下卧层验算的要求；对需要验算沉降的桩基，控制性勘探孔深度应超过地基变形计算深度。确定地基变形计算深度有“应力比法”和“沉降比法”，天然地基，可以采用应力比法，但复合地基或桩基应采用沉降比法，应符合现行国家标准《建筑地基基础设计规范》GB 50007 有关规定，如果采用应力比法，往往造成勘探孔深度不够，原因是复合地基或桩基的附加应力的扩散和天然地基不一样。

2. 填土、暗浜及地层起伏的补充钻孔深度不够。

【解析】钻孔未钻穿人工填土，钻探时该地段应增加钻孔钻穿人工填土层。基岩较浅地区可能要多布置一些鉴别孔查明基岩面深度，埋藏的河、沟、池、浜以及杂填土分布区等，为了查明其分布也需布置一些鉴别孔，为查明填土、暗浜及地层起伏的补充钻孔，其深度根据探查目的确定。

3. 勘探点深度不够，不能满足规范要求。

【解析】勘探点深度的重点是控制孔深度应满足场地和地基稳定性评价、承载力评价、变形评价、抗浮评价等要求，一般性勘探孔应满足承载力评价（包括下卧层验算）的要求。高层建筑的一般性勘探孔应达到基底下 0.5 倍～1.0 倍的基础宽度，并深入稳定分布的地层。有些勘察报告对工程情况了解不够，或对地质条件估计不足，导致勘探点深度不足，影响地基基础设计。

4. 控制性勘探孔的深度未超过地基变形计算深度。

【解析】控制性勘探孔的深度应超过地基变形计算深度，地基变形计算深度，对中、低压缩性土层取附加压力等于上覆土层有效自重压力 20%的深度；对高压缩性土层取附加压力等于上覆土层有效自重压力 10%的深度。

5. 勘探孔深度未满足抗拔承载力评价的要求。

【解析】对仅有地下室的建筑或高层建筑的裙房，因为受压层深度较小，经过计算，可以适当减小，但当不能满足抗浮设计要求，需设置抗浮桩或锚杆时，勘探孔深度应满足抗拔承载力评价的要求，基坑工程勘探孔深度应满足基坑支护、设计、施工要求。

6. 挖方路段勘探孔深度不满足要求。

【解析】挖方道路工程，勘探孔深度未达到路面以下。

4　取样、原位测试、地球物理勘探和室内试验

4.1　取样、原位测试

4.1.1　标准要求

《岩土工程勘察规范》GB 50021—2001（2009年版）

4.1.20　详细勘察采取土试样和进行原位测试应满足岩土工程评价要求，并符合下列要求：

1　采取土试样和进行原位测试的勘探孔的数量，应根据地层结构、地基土的均匀性和工程特点确定，且不应少于勘探孔总数的1/2，钻探取土试样孔的数量不应少于勘探孔总数的1/3；

2　每个场地每一主要土层的原状土试样或原位测试数据不应少于6件（组），当采用连续记录的静力触探或动力触探为主要勘察手段时，每个场地不应少于3个孔；

3　在地基主要受力层内，对厚度大于0.5m的夹层或透镜体，应采取土试样或进行原位测试；

4　当土层性质不均匀时，应增加取土试样或原位测试数量。

《市政工程勘察规范》CJJ 56—2012

6.4.4　详细勘察阶段，控制性勘探孔数量不应少于勘探孔总数的1/3；采取土试样和进行原位测试的勘探孔数量不应少于勘探孔总数的1/2；当勘探孔总数少于3个时，每个勘探孔均应取样或进行原位测试。

《城市轨道交通岩土工程勘察规范》GB 50307—2012

7.3.7　采取岩土试样和进行原位测试应满足岩土工程评价的要求。每个车站或区间工程每一主要土层的原状土试样或原位测试数据不应少于10件（组），且每一地质单元的每一主要土层不应少于6件（组）。

7.3.8　原位测试应根据需要和地区经验选取适合的测试手段，并符合本规范第15章的规定；每个车站或区间工程的波速测试孔不宜少于3个，电阻率测试孔不宜少于2个。

15.12.3　每个地下车站均宜进行地温测试，测试点宜布设在隧道上下各一倍洞径深度范围；发现有热源影响区域、采用冻结法施工或设计有特殊要求的部位应布置测试点。

4.1.2 问题解析

1. 填土要不要取样或原位测试问题。

【解析】 如果填土不厚，开挖时挖除，可以不做工作；如果填土较厚，基础位于填土中，填土成为主要持力层，则需要进行取样、原位测试。测试手段宜用轻型圆锥动力触探、静力触探，必要时可采取原状土样进行包括湿陷性试验在内的物理力学性质试验，当需提高承载力时应进行平板载荷试验。

2. 取样数量、原位测试数量不足。

【解析】 取多少土样，做什么试验，主要应根据工程要求、场地大小、土层厚薄、土层在场地和地基评价中所起的作用等具体情况确定，6 组数据仅是最低要求。原位测试的主要指标包括准贯入试验以及十字板剪切试验、扁铲侧胀试验、静力触探等，不包括载荷试验，每个场地不应少于 3 个孔。采取土试样和进行原位测试应满足岩土工程评价要求，应由岩土工程师根据具体情况，因地制宜，因工程制宜。

如果场地较大，取样或原位测试数量即使满足了每层 6 个样本的要求也是不合适的。同样，原状土试样或原位测试数据不应少于 6 件（组）是指每一主要土层，指满足承载力、变形评价深度范围内有一定厚度的地层，对仅厚度大于 0.5m 的夹层或透镜体，要求采取土试样或进行原位测试。

造成取土或原位测试数量不足的原因主要包括，对工程特性和场地条件认识不足，对规范理解不够等原因。

目前规范要求采取土试样和进行原位测试的勘探孔的数量不应少于勘探孔总数的 1/2，钻探取土试样孔的数量不应少于勘探孔总数的 1/3。实际工作中，基岩较浅地区可能要多布置一些鉴别孔查明基岩面深度，埋藏的河、沟、池、浜以及杂填土分布区等，为了查明其分布也需布置一些鉴别孔，为查明填土、暗浜及地层起伏的补充钻孔，在计算采取土试样和进行原位测试的勘探孔比例时，可不计入总孔数。在确定采取土试样孔比例时，总孔数还可扣除常用取土器无法取土的孔数。

4.2 地球物理勘探

4.2.1 标准要求

《岩土工程勘察规范》GB 50021—2001（2009 年版）

9.5.4 地球物理勘探成果判释时，应考虑其多解性，区分有用信息与干扰信号。需要时应采用多种方法探测，进行综合判释，并应有已知物探参数或一定数量的钻孔验证。

4.2.2 问题解析

1. 委外波速测试成果图未加盖公章，相关责任人未签字。

【解析】委托其他单位完成的波速测试成果图未见测试单位公章及责任人签字。

2. 波速成果与钻孔地层矛盾。

【解析】地球物理勘探通常是专业人员完成，项目负责人需要做的工作主要包括提出勘探的目的、要求，提供已有的勘探资料，提供地球物理勘探工作条件。相对钻探来说，地球物理勘探受地质条件、环境条件（如电磁场、振动等）影响较大，成果解译往往具有多解性，成果利用时需要与钻孔资料验证。

4.3 室内试验

4.3.1 标准要求

《岩土工程勘察规范》GB 50021—2001（2009年版）

11.1.1　岩土性质的室内试验项目和试验方法应符合本章的规定，其具体操作和试验仪器应符合现行国家标准《土工试验方法标准》GB/T 50123和国家标准《工程岩体试验方法标准》GB/T 50266的规定。岩土工程评价时所选用的参数值，宜与相应的原位测试成果或原型观测反分析成果比较，经修正后确定。

11.1.2　试验项目和试验方法，应根据工程要求和岩土性质的特点确定。当需要时应考虑岩土的原位应力场和应力历史，工程活动引起的新应力场和新边界条件，使试验条件尽可能接近实际；并应注意岩土的非均质性、非等向性和不连续性以及由此产生的岩土体与岩土试样在工程性状上的差别。

《北京地区建筑地基基础勘察设计规范》DBJ 11—501—2009（2016年版）

6.3.2　室内土工试验应满足下列要求：

1　对黏性土、粉土的原状土样均应进行密度、含水量、液限、塑限和压缩-固结试验等常规试验。

2　对砂土的原状土样应进行密度、含水量和颗粒级配试验；当无法取得砂土原状土样时，可只进行颗粒级配试验。

3　为判别饱和砂土、粉土液化的可能性，应进行颗粒分析试验。

4　为计算地基承载力，进行边坡稳定性分析和深基坑支护结构设计，应视需要进行三轴剪切试验或直剪试验。

5　当设计需要地基土的动力特性时，应进行土的动力试验。

6　对膨胀土、湿陷性土等特殊性岩土的试验，应按国家有关规范执行。

6.3.3　压缩-固结试验应符合下列规定：

1　试验所施加的最大压力值应超过土有效自重压力与预计的附加压力之和，压缩系数或压缩模量的计算应取土的有效自重压力至土的有效自重压力与预计的附加压力之和的压力段（公式略）。

2　当需要考虑基坑开挖卸荷对地基变形的影响时，应进行卸荷回弹再压缩试验。

> 3　当考虑应力历史对沉降计算的影响时，固结试验应提供地基土的先期固结压力、压缩指数和回弹指数。
>
> 6.3.5　室内岩石试验应符合下列规定：
>
> 1　根据工程需要进行岩矿鉴定和岩石的物理性质试验。物理性质试验包括颗粒密度和块体密度试验、吸水率和饱和吸水率等试验。必要时尚应进行耐崩解试验、膨胀试验和冻融试验。
>
> 2　岩石单轴抗压强度试验应分别测定干燥和饱和状态下的强度，提供单轴极限抗压强度值和软化系数。必要时可用单轴压缩变形试验测定岩石的弹性模量和泊松比。
>
> 3　岩石的抗剪强度参数可用三轴压缩试验或直剪试验测定。
>
> 4　当需评价岩体完整性和风化程度时，应进行岩块的声波测试。

4.3.2　问题解析

1. 土工试验成果未加盖公章，相关责任人未签字。

【解析】委托其他单位完成的土工试验成果未见试验单位公章及责任人签字。

2. 依据的规范版本号过期。

【解析】土工试验成果报告土的定名依据的规范版本号过期。易溶盐分析报告中土工试验方法标准版本过期。

3. 土工试验适用规范、试验项目不明确。

【解析】项目负责人应对项目土工试验适用规范、试验项目等提出要求，提出试验条件要求（如固结压力、地下水位、基坑深度等）。

4. 忽略室内试验的相关要求。

【解析】（1）试验项目应符合勘察项目要求，对加荷速度快的工程宜采取不固结不排水抗剪强度试验。

（2）试验项目受力状态应符合工程情况，应按《北京地区建筑地基基础勘察设计规范》DBJ 11—501—2009（2016 年版）规定确定，固结试验所施的最大压力应超过有效自重应力和预计的附加压力之和，压缩系数或压缩模量的计算应取土的有效自重压力至土的有效自重压力与预计的附加压力之和的压力段。

5 场地环境与工程地质条件

5.1 场地环境与工程地质条件内容

5.1.1 标准内容

《房屋建筑和市政基础设施工程勘察文件编制深度规定》（2020年版）

> 4.3.1 场地环境与工程地质条件主要包括以下内容：
>
> 1 根据工程需要描述区域地质构造、气象、水文情况；
>
> 2 工程周边环境条件；
>
> 3 场地地形、地貌；
>
> 4 不良地质作用及地质灾害的种类、分布、发育程度；
>
> 5 岩土描述应包括场地地层的岩土名称、年代、成因、分布、工程特性，岩体结构、岩石风化程度以及出露岩层的产状、构造等；
>
> 6 埋藏的河道、浜沟、池塘、墓穴、防空洞、孤石及溶洞等对工程不利的埋藏物的特征、分布；
>
> 7 场地的地下水和地表水。

5.1.2 问题解析

1. 场地环境与工程地质条件内容描述不全。

【解析】缺少地形地貌、覆土情况等描述，会影响地基或基坑评价。当工程简单且区域地质构造、水文对工程无影响且设计无要求时，区域地质构造、气象、水文相关内容可简化或简略。其他内容都是勘察报告应有的。埋藏的河道、沟浜、池塘、墓穴、防空洞、孤石及溶洞等对工程不利的埋藏物的特征、分布主要基于已有的勘探和调查成果。

2. 搜集的气象、水文情况与拟建场地不匹配。

【解析】描述的气象、水文情况不是当地情况。

5.2 地层描述

5.2.1 标准内容

《房屋建筑和市政基础设施工程勘察文件编制深度规定》（2020年版）

> 4.3.2 场地地层描述应在现场记录的基础上，结合室内试验的开土记录和试验结果综合确定，并应符合相关标准要求。

《岩土工程勘察规范》GB 50021—2001（2009 年版）

3.3.7 土的鉴定应在现场描述的基础上，结合室内试验的开土记录和试验结果综合确定。土的描述应符合下列规定：

1 碎石土宜描述颗粒级配、颗粒形状、颗粒排列、母岩成分、风化程度、充填物的性质和充填程度、密实度等；

2 砂土宜描述颜色、矿物组成、颗粒级配、颗粒形状、细粒含量、湿度、密实度等；

3 粉土宜描述颜色、包含物、湿度、密实度等；

4 黏性土宜描述颜色、状态、包含物、土的结构等；

5 特殊性土除描述上述相应土类规定的内容外，尚应描述其特殊成分和特殊性质，如对淤泥尚应描述嗅味，对填土尚应描述物质成分、堆积年代、密实度和均匀性等；

6 对具有互层、夹层、夹薄层特征的土，尚应描述各层的厚度和层理特征；

7 需要时，可用目力鉴别描述土的光泽反应、摇振反应、干强度和韧性，按表 3.3.7 区分粉土和黏性土。

表 3.3.7 目力鉴别粉土和黏性土

鉴别项目	摇振反应	光泽反应	干强度	韧性
粉土	迅速、中等	无光泽反应	低	低
黏性土	无	有光泽、稍有光泽	高、中等	高、中等

《建筑工程地质勘探与取样技术规程》JGJ/T 87—2012

14.1.3 各类地层的描述应符合下列规定：

1 碎石土和卵砾石土应描述下列内容：

1）颗粒级配、颗粒含量、颗粒粒径、磨圆度、颗粒排列及层理特征；

2）粗颗粒形状、母岩成分、风化程度和起骨架作用状况；

3）充填物的性质、湿度、充填程度及密实度。

2 砂土应描述下列内容：

1）颜色、湿度、密实度；

① 颗粒级配、颗粒形状和矿物组成及层理特征；

② 黏性土含量。

3 粉土应描述下列内容：

1）颜色、湿度、密实度；

2）包含物、颗粒级配及层理特征；

3）干强度、韧性、摇振反应、光泽反应。

4 黏性土应描述下列内容：

1）颜色、湿度、状态；

2）包含物、结构及层理特征；

3）光泽反应、干强度、韧性等。

5　填土应描述下列内容：

1）填土的类别，可分为素填土、杂填土、充填土、压密填土；

2）颜色：状态或密实度；

3）物质组成、结构特征、均匀性；

4）堆积时间、堆积方式等。

6　对于特殊性岩土，除应描述相应土类的内容外，尚应描述其特殊成分和特殊性质。

7　对具有互层、夹层、夹薄层特征的土，尚应描述各层的厚度和层理特征。

14.1.4　岩石的描述应包括地质年代、地质名称、颜色、主要矿物、结构、构造和风化程度、岩芯采取率、岩石质量指标（RQD）。对沉积岩尚应描述沉积物的颗粒大小、形状、胶结物成分和胶结程度；对岩浆岩和变质岩尚应描述矿物结晶大小和结晶程度。

14.1.5　岩体的描述应包括结构面、结构体、岩层厚度和结构类型，并宜符合下列规定：

1　结构面的描述宜包括类型、性质、产状、组合形式、发育程度、延展情况、闭合程度、粗糙程度、充填情况和充填物性质以及充水性质等；

2　结构体的描述宜包括类型、形状和大小、完整程度等情况。

5.2.2　问题解析

1. 地层描述不规范，缺厚度、层顶（底）标高等。

【解析】岩土的描述目前没有强制性条文。描述时土的分类与描述应在现场记录的基础上，结合室内试验的开土记录和试验结果综合确定。同时应注意地层情况的综合评述，如层厚、层顶（或层底）标高，该层有哪些亚层、组合形态等。可以对该层有个综合了解。有些勘察人员地层描述过于简单，或完全依赖于土工试验，也不描述地层埋深和组合。

2. 地层描述矛盾。

【解析】地层层底深度与层厚相互矛盾。

3. 地层描述过于简单。

【解析】对于卵石及圆砾层应描述卵石成分、级配、含量、粒径、卵石磨圆度及其风化程度、充填物等。

4. 填土层描述不全面。

【解析】未描述人工填土层总体厚度及层底标高。

5. 分层不恰当。

【解析】把两种土当作一层土描述时，两种土性质应接近，塑性指数应接近，如黏质粉土-粉质黏土。

6　地下水和地表水

6.1　地下水和地表水测量与描述

6.1.1　标准内容

《岩土工程勘察规范》GB 50021—2001（2009年版）

> **7.2.2　地下水位的量测应符合下列规定：**
> **1　遇地下水时应量测水位；**
> **2　（此款取消）**
> **3　对工程有影响的多层含水层的水位量测，应采取止水措施，将被测含水层与其他含水层隔开。**

《房屋建筑和市政基础设施工程勘察文件编制深度规定》（2020年版）

> 4.3.3　场地地下水和地表水的描述应包括下列内容：
> 1　勘察时的地下水位、地下水的类型及其动态变化幅度；
> 2　对工程有影响的地表水情况，地下水的补给、径流和排泄条件，地表水与地下水间的水力联系；
> 3　完成的水文地质成果和水文地质参数；
> 4　对工程有影响的多层地下水应分层描述，并描述含水层之间水力联系等；
> 5　历史高水位，近3～5年最高地下水位调查资料；
> 6　当任务要求时，应提供河谷地区、河流的历史洪水位、冲刷特征等。

《北京地区建筑地基基础勘察设计规范》DBJ 11—501—2009（2016年版）

> 5.1.1　岩土工程勘察应根据场地特点和工程要求，通过搜集资料和勘察工作，查明下列水文地质条件，提出相应的工程建议：
> **1**　地下水的类型和赋存状态。
> **2**　主要含水层的空间分布和岩性特征。
> **3**　区域性气候资料，如年降水量、蒸发量及其变化规律和对地下水的影响。
> **4**　地下水的补给排泄条件、地表水与地下水的补排关系及其对地下水位的影响。

> **5**　勘察时的地下水位、近3～5年最高地下水位，并宜提出历年最高地下水位、水位变化趋势和主要影响因素。
>
> **6**　当场地存在对工程有影响的多层地下水时，应分别查明每层地下水的类型、水位和年变化规律，以及地下水分布特征对地基评价和基础施工可能造成的影响。
>
> **7**　当地下水可能对基坑开挖造成影响时，应对地下水控制措施提出建议。
>
> **8**　当地下水位可能高于基础埋深时，应对抗浮设防水位进行分析。
>
> **8A** 对工程有影响的各层地下水水质情况。
>
> **9**　场地及其附近是否存在对地下水和地表水造成污染的污染源及其可能的污染程度，提出相应工程措施的建议。

6.1.2　问题解析

1. 描述现场地下水位情况不充分、不全面。

【解析】（1）勘察现场地下水位的量测过于简单粗糙，砂层里的地下水位出现在上部的黏土中，只描述了地下水位埋深而没有水位标高。

（2）当存在多层地下水位时，未分层量测水位。

地下水对工程施工影响很大，在实际操作中，由于钻探工艺（如泥浆护壁）、地下水分布的复杂性（多层地下水、滞水等）和多变性（随时间变化），通常会给准确量测地下水位带来困难。遇地下水量测水位，首先应（量）测准第一层水，当存在对工程有影响的多层地下水位时，应分层量测，严禁以混合水位代替分层水位。地下水位量测应包括上层滞水。

（3）未说明地下水赋存于哪层岩土层（含水层）中。

（4）未表述场地各层地下水的性质（上层滞水、潜水还是承压水）。

（5）在线路勘察时，跨越多个地质单元，未对地下水进行应分别量测和评价。

（6）勘察时水位范围值与剖面图中不完全一致。

（7）地下水表述不合理，②层为承压水，③层为潜水；⑤层黏土—重粉质黏土确定为含水层是否合适。

（8）未明确在丰水期可能引起地下水位上升，基础位于第1层地下水位附近，若在丰水期进行施工，需进一步查明地下水的埋藏条件；若基坑深度位于地下水位以下，则需提出具体的降排水措施和地层的渗透系数；还应指出施工过程中对可能遇到的上层滞水的处理方法，如采用截堵、明排等措施。

（9）地下水位变幅未分层评价。未描述地下水埋藏条件、补径排条件和地下水位动态。

（10）在场地勘探遇地下水（上层滞水），未明示其水位埋深、标高。应叙述承压水水头高度。

（11）钻孔情况一览表中静止水位不是稳定水位。

（12）未提供地表水河水水面标高及与地下水补给排泄关系。

2. 未收集区域地下水长期观测资料，反映的地下水动态状况缺乏依据。

【解析】（1）历史最高地下水位均描述为“接近场地地表附近”，近3～5年最高地下水位均在目前场地地下水位以上 3m 左右。

勘察时地下水位靠实测，近 3～5 年最高地下水位、历史最高水位主要靠调查。有的勘察报告，近 3～5 年地下水水位低于实测水位，属于明显不合理。近 3～5 年最高地下水位是指勘察时点之前的近 3～5 年地下水水位，而不是未来 3～5 年最高地下水位。

（2）未描述场地区域水文地质状况（补给、径流、排泄），未描述地下水位的变化趋势。

3. 依据地下水的岩土工程评价不准确。

【解析】（1）场地液化判定时，采用的地下水位是现场实测地下水位。

（2）报告提供的建筑物基础抗浮设防水位建议值，明显低于场地近 3～5 年水位。

（3）引用的地下水的腐蚀性试验资料距场地很远，不具有本地区代表性。

（4）地下水影响问题。

规范要求重点是对工程有影响的地下水和地表水。地下水和地表水对工程是否有影响主要依据工程经验判断。当地下水位在拟建工程的基础、地基处理、基坑、地下水控制等设计和施工深度下一定距离，不会对工程的正常施工和使用产生影响时，可不考虑地下水的影响。

6.2 水土对基础材料的腐蚀性评价

6.2.1 标准要求

《岩土工程勘察规范》GB 50021—2001（2009 年版）

12.1.1 当有足够经验或充分资料，认定工程场地及其附近的土或水（地下水或地表水）对建筑材料为微腐蚀时，可不取样试验进行腐蚀性评价。否则，应取水试样或土试样进行试验，并按本章评定其对建筑材料的腐蚀性。

土对钢结构腐蚀性的评价可根据任务要求进行。

12.1.2 采取水试样和土试样应符合下列规定：

1 混凝土结构处于地下水位以上时，应取土试样做土的腐蚀性测试；

2 混凝土结构处于地下水或地表水中时，应取水试样做水的腐蚀性测试；

3 混凝土结构部分处于地下水位以上、部分处于地下水位以下时，应分别取土试样和水试样做腐蚀性测试；

4 水试样和土试样应在混凝土结构所在的深度采取，每个场地不应少于 2 件。当土中盐类成分和含量分布不均匀时，应分区、分层取样，每区、每层不应少于 2 件。

12.1.3 水和土腐蚀性的测试项目和试验方法应符合下列规定：

1 水对混凝土结构腐蚀性的测试项目包括：pH 值、Ca^{2+}、Mg^{2+}、Cl^{-}、SO_4^{2-}、HCO_3^{-}、CO_3^{2-}、侵蚀性 CO_2、游离 CO_2、NH_4^{+}、OH^{-}、总矿化度；

2 土对混凝土结构腐蚀性的测试项目包括：pH 值、Ca^{2+}、Mg^{2+}、Cl^{-}、SO_4^{2-}、HCO_3^{-}、CO_3^{2-} 的易溶盐（土水比 1∶5）分析；

3　土对钢结构的腐蚀性的测试项目包括：pH值、氧化还原电位、极化电流密度、电阻率、质量损失；

4　腐蚀性测试项目的试验方法应符合表12.1.3的规定。

表12.1.3　腐蚀性试验方法

序号	试验项目	试验方法
1	pH值	电位法锥形玻璃电极法
2	Ca^{2+}	EDTA容量法
3	Mg^{2+}	EDTA容量法
4	Cl^{-}	摩尔法
5	SO_4^{2-}	EDTA容量法或质量法
6	HCO_3^{-}	酸滴定法
7	CO_3^{2-}	酸滴定法
8	侵蚀性CO_2	盖耶尔法
9	游离CO_2	碱滴定法
10	NH_4^{+}	钠氏试剂比色法
11	OH^{-}	酸滴定法
12	总矿化度	计算法
13	氧化还原电位	铂电极法
14	极化电流密度	原味极化法
15	电阻率	四级法
16	质量损失	管罐法

12.2.1　受环境类型影响，水和土对混凝土结构的腐蚀性，应符合表12.2.1的规定；环境类型的划分按本规范附录G执行。

表12.2.1　按环境类型水和土对混凝土结构的腐蚀性评价

腐蚀等级	腐蚀介质	环境类型		
		Ⅰ	Ⅱ	Ⅲ
微 弱 中 强	硫酸盐含量 SO_4^{2-} (mg/L)	<200 200～500 500～1500 >1500	<300 300～1500 1500～3000 >3000	<500 500～3000 3000～6000 >6000
微 弱 中 强	镁盐含量 Mg^{2+} (mg/L)	<1000 1000～2000 2000～3000 >3000	<2000 2000～3000 3000～4000 >4000	<3000 3000～4000 4000～5000 >5000
微 弱 中 强	铵盐含量 NH_4^{+} (mg/L)	<100 100～500 500～800 >800	<500 500～800 800～1000 >1000	<800 800～1000 1000～1500 >1500
微 弱 中 强	苛性碱含量 OH^{-} (mg/L)	<35000 35000～43000 43000～57000 >57000	<43000 43000～57000 57000～70000 >70000	<57000 57000～70000 70000～100000 >100000

续表 12.2.1

腐蚀等级	腐蚀介质	环境类型		
		Ⅰ	Ⅱ	Ⅲ
微 弱 中 强	总矿化度 (mg/L)	<10000 10000～20000 20000～50000 >50000	<20000 20000～50000 50000～60000 >60000	<50000 50000～60000 60000～70000 >70000

注：1 表中的数值适用于有干湿交替作用的情况，Ⅰ、Ⅱ类腐蚀环境无干湿交替作用时，表中硫酸盐含量数值应乘以 1.3 的系数；

2 （此注取消）；

3 表中数值适用于水的腐蚀性评价，对土的腐蚀性评价，应乘以 1.5 的系数；单位以 mg/kg 表示；

4 表中苛性碱（OH^-）含量（mg/L）应为 NaOH 和 KOH 中的 OH^- 含量（mg/L）。

12.2.2 受地层渗透性影响，水和土对混凝土结构的腐蚀性评价，应符合表 12.2.2 的规定。

表 12.2.2 按地层渗透性水和土对混凝土结构的腐蚀性评价

腐蚀等级	pH 值		侵蚀性 CO_2(mg/L)		HCO_3^-(mmol/L)
	A	B	A	B	A
微	>6.5	>5.0	<15	<30	>1.0
弱	6.5～5.0	5.0～4.0	15～30	30～60	1.0～0.5
中	5.0～4.0	4.0～3.5	30～60	60～100	<0.5
强	<4.0	<3.5	>60	—	—

注：1 表中 A 是指直接临水或强透水层中的地下水；B 是指弱透水层中的地下水。强透水层是指碎石土和砂土；弱透水层是指粉土和黏性土；

2 HCO_3^- 含量是指水的矿化度低于 0.1g/L 的软水时，该类水质 HCO_3^- 的腐蚀性；

3 土的腐蚀性评价只考虑 pH 值指标；评价其腐蚀性时，A 是指强透水土层；B 是指弱透水土层。

12.2.3 当按表 12.2.1 和表 12.2.2 评价的腐蚀等级不同时，应按下列规定综合评定：

1 腐蚀等级中，只出现弱腐蚀，无中等腐蚀或强腐蚀时，应综合评价为弱腐蚀；

2 腐蚀等级中，无强腐蚀；最高为中等腐蚀时，应综合评价为中等腐蚀；

3 腐蚀等级中，有一个或一个以上为强腐蚀，应综合评价为强腐蚀。

12.2.4 水和土对钢筋混凝土结构中钢筋的腐蚀性评价，应符合表 12.2.4 的规定。

表 12.2.4 对钢筋混凝土结构中钢筋的腐蚀性评价

腐蚀等级	水中的 Cl^- 含量(mg/L)		土中的 Cl^- 含量(mg/kg)	
	长期浸水	干湿交替	A	B
微	<10000	<100	<400	<250
弱	10000～20000	100～500	400～750	250～500
中	—	500～5000	750～7500	500～5000
强	—	>5000	>7500	>5000

注：A 是指地下水位以上的碎石土、砂土，稍湿的粉土，坚硬、硬塑的黏性土；B 是指湿、很湿的粉土，可塑、软塑、流塑的黏性土。

12.2.5 土对钢结构腐蚀的评价，应符合表 12.2.5 的规定。

表 12.2.5　土对钢结构腐蚀性评价

腐蚀等级	pH	氧化还原电位(mV)	视电阻率(Ω·m)	极化电流密度(mA/cm^2)	质量损失(g)
微	＞5.5	＞400	＞100	＜0.02	＜1
弱	5.5～4.5	400～200	100～50	0.02～0.05	1～2
中	4.5～3.5	200～100	50～20	0.05～0.20	2～3
强	＜3.5	＜100	＜20	＞0.20	＞3

注：土对钢结构的腐蚀性评价，取各指标中腐蚀等级最高者。

6.2.2　问题解析

1. 表述前后矛盾。

【解析】水、土的腐蚀性试验数量，与试验资料不一致。取样深度与水土分析试验成果不符。

2. 评价错误。

【解析】地下水、浅层土腐蚀性评价错误。

3. 表述不全面。

【解析】未按长期浸水、干湿交替两种情况及环境类别，分层、分别表述地下水对建筑材料的腐蚀性评价结论。地表水和地下水腐蚀性主要靠取水（土）试样，通过分析试验判定其对基础材料的腐蚀性。通常考虑长期浸水、干湿交替两种状态，干湿交替状态（主要是毛细水上升高度）下腐蚀性通常会大一些。

4. 人工填土未评价腐蚀性。

【解析】浅层土的腐蚀性评价应包括人工填土，局部揭露人工填土最大厚度达13.0m，未在人工填土中取试样进行易溶盐分析评价。

5. 未表述电阻率测试位置。

【解析】未明确在哪个孔附近实测电阻率。

6. 试样采取位置不正确。

【解析】水试样和土试样取样位置不对。水试样和土试样应在混凝土结构所在的深度采取，包括建筑结构的基础、桩基、CFG 桩复合地基深度范围。在混凝土结构所在的深度范围之外不作强制规定。

7. 试样采取数量不足。

【解析】水试样和土试样采样数量不够。每个场地不应少于 2 件。当土中盐类成分和含量分布不均匀时，应分区、分层取样，每区、每层不应少于 2 件。尤其是多层地下水，应分层取样。未采取水（土）试样、取样不足或采取水（土）试样代表性不足，是勘察报告中常出现的问题。

8. 钢铁材质管道工程未进行电阻率测试。

【解析】当基础或管线在勘察报告明确是钢结构或铸铁管等金属材料的，未增加钢结构腐蚀性评价，未进行电阻率测试。水对金属材料的腐蚀性比较复杂，有化学腐蚀、也有电化学腐蚀等。

9. 综合评价结论有误。

【解析】对试验结果未进行认真分析，或长期浸水、干湿交替状态评价有误，造成综合评价结论有误。

6.3 地下水抗浮评价

6.3.1 标准内容

《房屋建筑和市政基础设施工程勘察文件编制深度规定》(2020 年版)

4.5.5 地下水和地表水评价应包括下列内容：

1 分析评价地下水（土）和地表水对建筑材料的腐蚀性；

2 当需要进行地下水控制时，应提出控制措施的建议，提供相关水文地质参数；

3 存在抗浮问题时进行抗浮评价，提出抗浮设防水位、抗浮措施建议，提供抗浮设计所需参数。

4 评价地表水与地下水的相互作用，施工和使用期间可能产生的变化及其对工程和环境的影响，提出地下水监测的建议。

《高层建筑岩土工程勘察标准》JGJ/T 72—2017

8.6.1 地下室抗浮评价应包括下列基本内容：

1 分析确定合理的抗浮设防水位；

2 根据抗浮设防水位，结合地下室埋深、结构自重等情况，对抗浮有关问题提出建议；

3 对可能设置抗浮锚杆、抗浮桩或采取其他抗浮措施的工程，提供极限侧阻力和抗拔系数 λ 等设计计算参数的建议值。

6.3.2 问题解析

随着我国高层建筑和地下空间建设发展，地下结构抗浮问题也越来越突出，有些工程因未重视抗浮问题，导致工程在建设过程中或建成后浮起、倾斜、地板开裂等问题，严重影响工程正常使用，必须高度重视。

1. 抗浮设防水位确定时考虑不全面。

【解析】具体到一个工程建设，影响抗浮设防水位的因素会很多，建立预测抗浮设防水位的计算模型主要考虑以下因素：

（1）地表水入渗补给

地表水入渗是地下水的重要补给源，是影响地下水位变化的重要因素，包括大气降雨降雪、地面河湖入渗，是预测抗浮设防水位的重要因素。其中河、湖水量及入渗也与降雨、降雪关系密切。建设工程使用期的气象水文预测是比较困难的，通常根据历史气象水文资料推测，如根据 50 年或更长时段一遇的降雨量预测等。

（2）地下水径流补给和排泄

地下水径流补给排泄对地下水位变化影响也很明显，是预测抗浮设防水位的重要因素之一。

（3）人工抽水注水

人工地下水抽取，包括生活用水和工农业用水，是预测抗浮设防水位的重要因素。这些水有些可能通过下渗又回到地下，但多数作为污水排出了评估场区。这里面工程施工降水也导致大量地下水被抽出，其中绝大部分水没有回到评估场地地下，对地下水位短期影响明显。

人工地下水补给，包括人工地下水回灌等，像工程施工降水一样，对地下水位短期影响明显。人工水库通常对附近地下水位起到一定的影响。

（4）地质条件

地层岩性、岩土特征等地质条件是地下水赋存、径流的基础，其中地层渗透系数是地下水补给、径流、排泄影响的重要指标，特别是短期降雨入渗对其影响较大。

（5）地下水位状态

现状地下稳定水位是当前地下水在各因素影响下的动态平衡，是预测抗浮设防水位的重要因素；近3～5年地下水位变化是近期地下水在各因素影响下的动态变化趋势，对预测短期抗浮设防水位有明显影响；历史最高地下水位是地下水补给和排泄差极值条件下的均衡水位，是预测长期抗浮设防水位的因素之一。

（6）基础位置和施工影响

基础位置即地下开挖深度改变了场地地下水渗流条件，肥槽回填材料、密实度则明显影响地表水入渗途径或入渗量，特定条件下可明显影响地下基础的抗浮设防能力。

（7）现状地形及其变化

现状地下水位是当前地形下各影响因素的均衡，而场地整平甚至周围地形的改变都可能对地下水的赋存及地下水位产生影响。这方面除了工程建设导致地形变化外，还要考虑区域规划可能对工程建设产生的影响。

（8）建设工程设计使用年限

抗浮设防水位预测是针对建设工程全生命周期的评估，建设工程设计使用年限也是评估的一个重要因素。

除了以上作为预测建（构）筑物使用期抗浮设防水位的客观因素外，抗浮设防水位的最终确定还应考虑建设工程的重要性、使用功能及安全度要求等因素。

当然，其中很多因素是会变化的，诸如降雨量、地形等。换句话说，抗浮设防水位是在一定条件下预测出来的，是有边界条件的。

2. 对影响抗浮水位的具体因素考虑不足。

【解析】如气象（降雨量）、地下水开采量、地层、现状地下水、基础位置、现状地形及其变化、施工特别是回填材料和密实度影响等。其中如气象（降雨量）、地下水开采量具有较大的不确定性，主要是基于现状假定和推断，建立评价模型。通过这些因素分析预测工程使用期地下最高水位，在此基础上提出抗浮水位建议。

3. 边界条件不明确。

【解析】预测的抗浮设防水位是有边界条件的，当超出边界条件时预测值是无法保证的。

4. 未提后期工作要求。

【解析】为保障预测的抗浮设防水位有效性，需要对后期设计、施工及使用提出要求。

5. 不理解“水盆效应”。

【解析】勘察技术人员要重视“水盆效应”。它与通常认知的场地地下水上升导致底板浮起和破坏有明显不同。造成“水盆效应”有三个特征：勘察时基坑深度范围内无水；基坑范围内为显著低于回填土渗透性的弱透水层；有造成地表水入渗的地形。

6. 未考虑未来地下水补给。

【解析】北京地区由于工农业建设对水的需求，大量开采地下水，加上大规模工程降水，导致多年来地下水位下降。但是，近年来北京地区由于南水北调，高耗能企业减少，降水增多等原因，北京市地下水位显著回升。抗浮水位偏低，未考虑永定河生态补水的影响。

7. 相关各方对抗浮水位认知有差异。

【解析】抗浮水位对工程安全及造价有较大影响，相关各方都比较重视。基于不同数据来源和模型差异，会导致不同的抗浮水位，施工图审查机构通常会尊重勘察单位的分析，当对抗浮水位认知差异较大时，通常由勘察项目负责人复核。

8. 地下室抗浮评价不够全面。

【解析】《高层建筑岩土工程勘察标准》JGJ/T 72—2017 第 8.6.1 条要求，地下室抗浮评价应包括下列基本内容：

（1）分析确定合理的抗浮设防水位；

（2）根据抗浮设防水位，结合地下室埋深、结构自重等情况，对抗浮有关问题提出建议；

（3）对可能设置抗浮锚杆、抗浮桩或采取其他抗浮措施的工程，提供极限侧阻力和抗拔系数 λ 等设计计算参数的建议值。

9. 抗渗设防水位与抗浮设防水位概念混淆。

【解析】抗渗设防水位按抗浮设防水位设计有误，抗渗设防水位应执行《地下工程防水技术规范》GB 50108—2008。管线较长，抗浮水位提供一个水位不妥，宜分段建议。

10. 混淆使用期与施工期抗浮设防水位。

【解析】抗浮设防水位的建议，使用期设防水位不宜低于施工期。

图 6.3.1～图 6.3.5 是近年来抗浮引起的工程问题实例图片。

图 6.3.1　潮白河某工程因抗浮不足导致筏板渗水

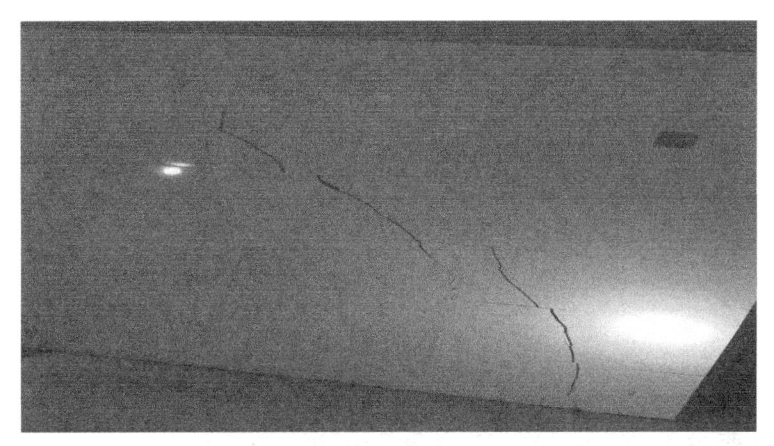

图 6.3.2　潮白河某工程因抗浮不足导致砌体裂缝

图 6.3.3　潮白河某工程因抗浮不足导致柱顶裂缝

图 6.3.4　北京某工程－1 层梁后浇带位置因抗浮不足导致混凝土破坏

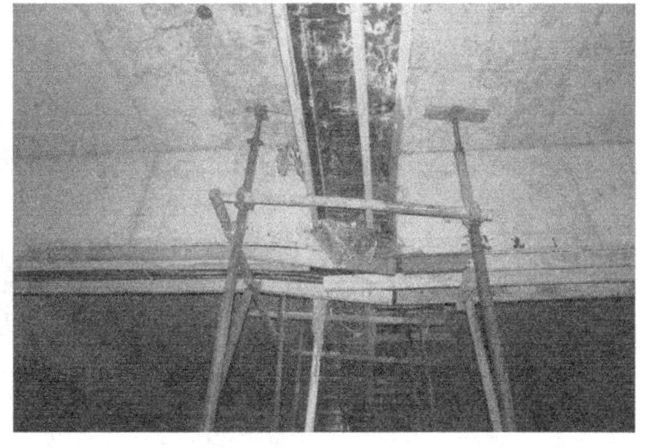

图 6.3.5　北京某工程－1 层后浇带因抗浮不足导致两侧错位、钢筋弯曲

7 场地类别和地震效应评价

7.1 场地类别划分

7.1.1 标准要求

《岩土工程勘察规范》GB 50021—2001（2009年版）

5.7.2 在抗震设防烈度等于或大于6度的地区进行勘察时，应确定场地类别。当场地位于抗震危险地段时，应根据现行国家标准《建筑抗震设计规范》GB 50011的要求，提出专门研究的建议。

《建筑抗震设计规范》GB 50011—2010（2016年版）

4.1.2 建筑场地的类别划分，应以土层等效剪切波速和场地覆盖层厚度为准。

4.1.3 土层剪切波速的测量，应符合下列要求：

1 在场地初步勘察阶段，对大面积的同一地质单元，测试土层剪切波速的钻孔数量不宜少于3个。

2 在场地详细勘察阶段，对单幢建筑，测量土层剪切波速的钻孔数量不宜少于2个，数据变化较大时，可适量增加；对小区中处于同一地质单元内的密集建筑群，测量土层剪切波速的钻孔数量可适量减少，但每幢高层建筑和大跨空间结构的钻孔数量均不得少于1个。

3 对丁类建筑及丙类建筑中层数不超过10层、高度不超过24m的多层建筑，当无实测剪切波速时，可根据岩土名称和性状，按表4.1.3划分土的类型，再利用当地经验在表4.1.3的剪切波速范围内估计各土层的剪切波速。

表4.1.3 土的类型划分和剪切波速范围

土的类型	岩土名称和性状	土层剪切波速范围(m/s)
岩石	坚硬、较坚硬且完整的岩石	$v_s>800$
坚硬土或软质岩石	破碎和较破碎的岩石或软和较软的岩石，密实的碎石土	$800\geq v_s>500$
中硬土	中密、稍密的碎石土，密实、中密的砾、粗、中砂，$f_{ak}>150$的黏性土和粉土，坚硬黄土	$500\geq v_s>250$
中软土	稍密的砾、粗、中砂，除松散外的细、粉砂，$f_{ak}\leq150$的黏性土和粉土，$f_{ak}>130$的填土，可塑新黄土	$250\geq v_s>150$
软弱土	淤泥和淤泥质土，松散的砂，新近沉积的黏性土和粉土，$f_{ak}\leq130$的填土，流塑黄土	$v_s\leq150$

注：f_{ak}为由载荷试验等方法得到的地基承载力特征值（kPa）；v_s为岩土剪切波速。

4.1.4 建筑场地覆盖层厚度的确定，应符合下列要求：

1 一般情况下，应按地面至剪切波速大于 500m/s 且其下卧各层岩土的剪切波速均不小于 500m/s 的土层顶面的距离确定。

2 当地面 5m 以下存在剪切波速大于其上部各土层剪切波速 2.5 倍的土层，且其下卧各层岩土的剪切波速均不小于 400m/s 时，可按地面至该土层顶面的距离确定。

3 剪切波速大于 500m/s 的孤石、透镜体，应视同周围土层。

4 土层中的火山岩硬夹层，应视为刚体，其厚度应从覆盖土层中扣除。

4.1.6 建筑的场地类别，应根据土层等效剪切波速和场地覆盖层厚度按表 4.1.6 划分为四类，其中Ⅰ类分为$Ⅰ_0$、$Ⅰ_1$两个亚类。当有可靠的剪切波速和覆盖层厚度且其值处于表 4.1.6 所列场地类别的分界线附近时，应允许按插值方法确定地震作用计算所用的特征周期。

表 4.1.6 各类建筑场地的覆盖层厚度（m）

岩石的剪切波速或土的等效剪切波速(m/s)	场地类别				
	$Ⅰ_0$	$Ⅰ_1$	Ⅱ	Ⅲ	Ⅳ
$v_s>800$	0				
$800\geqslant v_s>500$		0			
$500\geqslant v_{se}>250$		<5	≥5		
$250\geqslant v_{se}>150$		<3	3～50	>50	
$v_{se}\leqslant150$		<3	3～15	15～80	>80

注：表中 v_s 系岩石的剪切波速。

《房屋建筑和市政基础设施工程勘察文件编制深度规定》(2020 年版)

4.5.4 8 当场地类别、液化程度差异较大时应进行分区，分别评价。

7.1.2 问题解析

对剪切波速测试的要求理解不全面、不准确。

【解析】(1) 波速测试数量不足或代表性不强。

(2) 评价等效剪切波速的深度不符合规范，未按规定取覆盖层厚度和 20m 两者的较小值。

(3) 波速测试成果与实际波速不符。

(4) 场地类别划分依据不足。

(5) 没有对场地类别进行必要的分区。

(6) 确定覆盖层厚度不符合规范规定。

确定覆盖层厚度时，要求下部所有土层均大于 500m/s（当波速大于 500m/s 地层下仍有小于 500m/s 时，以下面的地层为准），当地面 5m 以下存在剪切波速大于其上部各土层剪切波速 2.5 倍的土层，且其下卧各岩土的剪切波速均不小于 400m/s 时，可按地面至该土层顶面的距离确定。

(7) 测试不准确。有的工程由于套管外砂层流失造成管外空洞，导致测试波速过小。

(8) 对重要的工业与民用建筑物，如学校、幼儿园、医院等建筑物未布置实测波速孔。

7.2　有利、一般、不利和危险地段

7.2.1　标准要求

《建筑抗震设计规范》GB 50011—2010（2016年版）

4.1.1　选择建筑场地时，应按表4.1.1划分对建筑抗震有利、一般、不利和危险的地段。

表4.1.1　有利、一般、不利和危险地段的划分

地段类别	地质、地形、地貌
有利地段	稳定基岩，坚硬土，开阔、平坦、密实、均匀的中硬土等
一般地段	不属于有利、不利和危险的地段
不利地段	软弱土，液化土，条状突出的山嘴，高耸孤立的山丘，陡坡，陡坎，河岸和边坡的边缘，平面分布上成因、岩性、状态明显不均匀的土层（含故河道、疏松的断层破碎带、暗埋的塘浜沟谷和半填半挖地基），高含水量的可塑黄土，地表存在结构性裂缝等
危险地段	地震时可能发生滑坡、崩塌、地陷、地裂、泥石流等，以及发震断裂带上可能发生地表错位的部位

4.1.9　场地岩土工程勘察，应根据实际需要划分对建筑有利、一般、不利和危险的地段，提供建筑的场地类别和岩土地震稳定性（如滑坡、崩塌、液化和震陷特性等）评价，对需要采用时程分析法补充计算的建筑，尚应根据设计要求提供土层剖面、场地覆盖层厚度和有关的动力参数。

《房屋建筑和市政基础设施工程勘察文件编制深度规定》（2020年版）

4.5.4　场地地震效应评价应在搜集场地地震历史资料和地质资料的基础上结合工程情况进行。地震效应评价应包括以下内容：

1　明确评价依据；

2　提供勘察场地的抗震设防烈度、设计基本地震加速度、设计地震分组；

3　确定场地类别，进行岩土地震稳定性（如滑坡、崩塌、液化和震陷特性等）评价；

4　划分对建筑有利、一般、不利和危险的地段；

5　存在饱和砂土或饱和粉土的场地，当场地抗震设防烈度为7度及7度以上时应进行液化判别；

6　场地液化判别应先进行初步判别，当初步判别后认为需要进行进一步判别时，应采用标准贯入试验方法进一步判别；

7　对可液化场地应评价液化等级和危害程度，提出抗液化措施的建议；

8　当场地类别、液化程度差异较大时，应进行分区，分别评价；

9　位于条状突出的山嘴、高耸孤立的山丘、非岩石和强风化岩石的陡坡、河岸和边坡边缘等不利地段的工程，应阐述边坡形态、相对高差、地层岩性、拟建工程至边坡的距离；

10　对需要采用时程分析法补充计算的工程，应根据设计要求提供土层剖面、场地覆盖层厚度和有关动力参数。

7.2.2　问题解析

未按照规范规定进行建筑抗震地段划分。

【解析】（1）未划分抗震地段或划分错误的，建筑抗震有利、一般、不利和危险的划分是岩土工程勘察的一个重要方面。

（2）对山区建筑，未考虑地震放大效应。

对需要采用时程分析法补充计算的建筑，尚应根据设计要求提供土层剖面、场地覆盖层厚度和有关的动力参数。

（3）地基为厚填土、可发生地震液化、震陷，确定为建筑抗震一般地段，不妥。

7.3　地震基本加速度和特征周期分组

7.3.1　标准要求

《房屋建筑和市政基础设施工程勘察文件编制深度规定》（2020年版）

4.5.4　场地地震效应评价应在搜集场地地震历史资料和地质资料的基础上结合工程情况进行。地震效应评价应包括以下内容：

1　明确评价依据；

2　提供勘察场地的抗震设防烈度、设计基本地震加速度、设计地震分组；

3　确定场地类别，进行岩土地震稳定性（如滑坡、崩塌、液化和震陷特性等）评价；

4　划分对建筑有利、一般、不利和危险的地段；

5　存在饱和砂土或饱和粉土的场地，当场地抗震设防烈度为7度及7度以上时应进行液化判别；

6　场地液化判别应先进行初步判别，当初步判别后认为需要进行进一步判别时，应采用标准贯入试验方法进一步判别；

7　对可液化场地应评价液化等级和危害程度，提出抗液化措施的建议；

8　当场地类别、液化程度差异较大时，应进行分区，分别评价；

9　位于条状突出的山嘴、高耸孤立的山丘、非岩石和强风化岩石的陡坡、河岸和边坡边缘等不利地段的工程，应阐述边坡形态、相对高差、地层岩性、拟建工程至边坡的距离；

10　对需要采用时程分析法补充计算的工程，应根据设计要求提供土层剖面、场地覆盖层厚度和有关动力参数。

7.3.2　问题解析

1. 加速度错误。

【解析】勘察和设计使用的加速度不应低于国家规范的规定。

2. 取值标准不明确。

【解析】表述地震动参数时应注明取值依据的技术标准。

3. 未注意附录 A.0.1 的前提条件。

【解析】根据《建筑抗震设计规范》GB 50021—2010（2016 年版）附录 A.0.1，北京市县级及县级以上城镇中心地区地震设防烈度为 8 度，设计地震分组为第二组，设计基本地震加速度为 0.2g。

4. 未注意相关技术标准的差异与前提条件。

【解析】根据《中国地震动参数区划图》GB 18306—2015 附录 C，北京市部分乡镇Ⅱ类场地基本地震动峰值加速度和基本地震动加速度反应谱特征周期与《建筑抗震设计规范》GB 50021—2010（2016 年版）附录 A 有部分不同，具体数值见表 7.3.2

《中国地震动参数区划图》北京地区部分峰值加速度（g）和反应谱特征周期 表 7.3.2

行政区划	峰值加速度（g）	反应谱特征周期（s）	行政区划	峰值加速度（g）	反应谱特征周期（s）
房山区			密云县		
窦店镇	0.15	0.40	溪翁庄镇	0.20	0.45
石楼镇	0.15	0.40	穆家峪镇	0.20	0.45
河北镇	0.15	0.40	太师屯镇	0.15	0.45
长沟镇	0.15	0.40	高岭镇	0.10	0.45
大石窝镇	0.15	0.40	不老屯镇	0.15	0.45
张坊镇	0.15	0.40	冯家峪镇	0.10	0.45
十渡镇	0.10	0.40	古北口镇	0.10	0.45
韩村河镇	0.15	0.15	大城子镇	0.20	0.45
周口店镇	0.15	0.15	北庄镇	0.15	0.45
琉璃河镇	0.15	0.15	新城子镇	0.10	0.45
霞云岭乡	0.10	0.45	大兴区		
南窖乡	0.15	0.15	榆垡镇	0.15	0.40
佛子庄乡	0.15	0.15	门头沟区		
大安山乡	0.10	0.45	雁翅镇	0.15	0.40
史家营乡	0.10	0.45	斋堂镇	0.15	0.45
蒲洼乡	0.10	0.45	清水镇	0.10	0.45
延庆县			怀柔区		
四海镇	0.15	0.40	汤河口镇	0.10	0.45
千家店镇	0.15	0.45	琉璃庙镇	0.15	0.45
珍珠泉乡	0.15	0.40	宝山镇	0.10	0.45
平谷区			长哨营满族乡	0.10	0.45
镇罗营镇	0.20	0.45	喇叭沟门满族乡	0.10	0.45
马坊镇	0.30	0.40			
黄松峪乡	0.20	0.45			

注：基本地震动峰值加速度和反应谱特征周期均指Ⅱ类场地。

5. 未注意建筑抗震设计规范与地震动参数区划图的区别。

【解析】需要指出的是，《建筑抗震设计规范》GB 50021—2010（2016年版）附录A.0.1指的是县级人民政府所在地，区划图附录C指的是街道或乡（镇）级人民政府所在地，两者没有本质差别，只是详尽程度不同，前者粗，后者细。

7.4 液化判别

7.4.1 标准要求

《建筑抗震设计规范》GB 50011—2010（2016年版）

4.3.2 地面下存在饱和砂土和饱和粉土时，除6度外，应进行液化判别；存在液化土层的地基，应根据建筑的抗震设防类别、地基的液化等级，结合具体情况采取相应的措施。

注：本条饱和土液化判别要求不含黄土、粉质黏土。

4.3.4 当饱和砂土、粉土的初步判别认为需进一步进行液化判别时，应采用标准贯入试验判别法判别地面下20m范围内的液化；但对本规范第4.2.1条规定可不进行天然地基及基础的抗震承载力验算的各类建筑，可只判别地面下15m范围内土的液化。当饱和土标准贯入锤击数（未经杆长修正）小于液化判别标准贯入锤击数临界值时，应判为液化土。当有成熟经验时，尚可采用其他判别方法。

在地面下20m深度范围内，液化判别标准贯入锤击数临界值可按下式计算：

$$N_{cr}=N_0\beta[\ln(0.6d_s+1.5)-0.1d_w]\sqrt{3/\rho_c} \quad (4.3.4)$$

式中　N_{cr}——液化判别标准贯入锤击数临界值；

N_0——液化判别标准贯入锤击数基准值，应按表4.3.4采用；

d_s——饱和土标准贯入点深度（m）；

d_w——地下水位（m）；

ρ_c——黏粒含量百分率，当小于3或为砂土时，应采用3；

β——调整系数，设计地震第一组取0.80，第二组取0.95，第三组取1.05。

表4.3.4　液化判别标准贯入锤击数基准值N_0

设计基本地震加速度(g)	0.10	0.15	0.20	0.30	0.40
液化判别标准贯入锤击数基准值	7	10	12	16	19

《岩土工程勘察规范》GB 50021—2001（2009年版）

5.7.6 场地地震液化判别应先进行初步判别，当初步判别认为有液化可能时，应再做进一步判别。液化的判别宜采用多种方法，综合判定液化可能性和液化等级。

5.7.8 地震液化的进一步判别应在地面以下15m的范围内进行；对于桩基和基础埋深大于5m的天然地基，判别深度应加深至20m。对判别液化而布置的勘探点不应少于3个，勘探孔深度应大于液化判别深度。

5.7.10　凡判别为可液化的场地，应按现行国家标准《建筑抗震设计规范》GB 50011 的规定确定其液化指数和液化等级。

勘察报告除应阐明可液化的土层、各孔的液化指数外，尚应根据各孔液化指数综合确定场地液化等级。

《房屋建筑和市政基础设施工程勘察文件编制深度规定》(2020年版)

4.5.4　场地地震效应评价应在搜集场地地震历史资料和地质资料的基础上结合工程情况进行。地震效应评价应包括以下内容：

1　明确评价依据；

2　提供勘察场地的抗震设防烈度、设计基本地震加速度、设计地震分组；

3　确定场地类别，进行岩土地震稳定性（如滑坡、崩塌、液化和震陷特性等）评价；

4　划分对建筑有利、一般、不利和危险的地段；

5　存在饱和砂土或饱和粉土的场地，当场地抗震设防烈度为7度及7度以上时应进行液化判别；

6　场地液化判别应先进行初步判别，当初步判别后认为需要进行进一步判别时，应采用标准贯入试验方法进一步判别；

7　对可液化场地应评价液化等级和危害程度，提出抗液化措施的建议；

8　当场地类别、液化程度差异较大时，应进行分区，分别评价；

9　位于条状突出的山嘴、高耸孤立的山丘、非岩石和强风化岩石的陡坡、河岸和边坡边缘等不利地段的工程，应阐述边坡形态、相对高差、地层岩性、拟建工程至边坡的距离；

10　对需要采用时程分析法补充计算的工程，应根据设计要求提供土层剖面、场地覆盖层厚度和有关动力参数。

7.4.2　问题解析

1. 忽视场地地震地质情况调查。

【解析】 在勘察工作前，有的勘察技术人员忽视收集区域地震地质情况和场地地质年代等背景资料，分析和判别地基土是否为俗称的第四纪晚更新世及以前的“老沉积土”（老土）。

2. 忽视黏粒含量的采取工作。

【解析】 黏粒含量是粉土液化判别的重要依据之一，有的勘察人员忽视黏粒含量的取样和试验工作，或未取样做黏粒含量，或黏粒含量试验位置与标准贯入试验位置不一致，导致液化判别结果与实际情况不符。

3. 判定场地液化的勘探孔的数量不足。

【解析】《岩土工程勘察规范》GB 50021—2001（2009年版）要求，液化判别孔不应少于3个。有些勘察报告可能前期工作布置不太重视，导致液化判别孔数量不足，特别是单体建（构）筑物勘察项目容易出现，应引起充分重视。

4. 判别地基土液化的勘探孔深度不足。

【解析】一些工程的勘察报告的液化判别孔的深度未能满足规范要求。

根据《建筑抗震设计规范》GB 50011—2010（2016 年版），液化判别深度应达到 20m，符合《建筑抗震设计规范》GB 50011—2010（2016 年版）第 4.2.1 条规定时可判定至 15m。

《建筑抗震设计规范》GB 50011—2010（2016 年版）第 4.2.1 条规定，下列建筑可不进行天然地基及基础的抗震承载力验算：（1）本规范规定可不进行上部结构抗震验算的建筑。（2）地基主要受力层范围内不存在软弱黏性土层的下列建筑：①一般的单层厂房和单层空旷房屋；②砌体房屋；③不超过 8 层且高度在 24m 以下的一般民用框架和框架-抗震墙房屋；④基础载荷与③项相当的多层框架厂房和多层混凝土抗震墙房屋。

注：软弱黏性土层指 7 度、8 度和 9 度时，地基承载力特征值分别小于 80kPa、100kPa 和 120kPa 的土层（地层）。

5. 液化判别的地下水位选取有误。

【解析】《建筑抗震设计规范》规定，“宜按设计基准期内年平均最高水位采用，也可按近期内年最高水位采用。”基于安全性考虑，用于液化判别水位不应低于勘察报告提供的近 3～5 年的最高水位。有的勘察报告采用了勘察时场地的实测水位值，存在极大风险，应视为不能满足规范要求。

6. 缺乏液化判别的过程和计算依据。

【解析】地基土液化判别过程应遵循先初判再详判的原则。当地基土已判别为液化时，应按相应的抗震规范提供地基土液化判别过程、计算依据，液化地层应提供相应的液化指数。提供的《地基土液化判别计算表》作为附表的应有相关人员签字。

7. 勘察报告提出的液化处理建议不合理。

【解析】对于判定为液化土的地基，勘察报告提出的液化处理建议不合理，如建议采用非挤密地基处理的 CFG 桩复合地基方案。该方案虽能提高地基承载力，但不能有效改善地基的密实性状，不能从根本上消除地基的液化问题。

8. 标准贯入试验击数取值有误。

【解析】《建筑抗震设计规范》GB 50011—2010（2016 年版）规定，在做野外标准贯入试验时，采用修正前的标准贯入基数。有的勘察人员进行液化判别时，对标准贯入试验击数进行了杆长修正。

9. 黏粒含量取值不当。

【解析】采用标准贯入法进行地基土液化判别时，地层黏粒含量的取值应与标准贯入器中的地层对应，不能采用该层黏粒含量的平均值，也不能采用相邻勘探孔该层黏粒含量的试验值。当标准贯入器中的地层有变化时，应量测地层的变化界线，标准贯入击数与黏粒含量应一一对应。

10. 未进行分区评价。

【解析】当场地液化指数和液化等级变化较大时，未进行分区评价。

8 特殊土、边坡和不良地质作用

8.1 特殊性岩土

8.1.1 标准要求

《湿陷性黄土地区建筑标准》GB 50025—2018

4.1.1 湿陷性黄土场地的岩土工程勘察应查明或试验确定下列岩土参数，应对场地、地基作出岩土工程评价，并应对地基处理措施提出建议。

1 建筑类别为甲类、乙类时，场地湿陷性黄土层的厚度、下限深度；

2 自重湿陷系数、湿陷系数和湿陷起始压力随深度的变化；

3 不同湿陷类型场地、不同湿陷等级地基的平面分布。

《岩土工程勘察规范》GB 50021—2001（2009年版）

6.1.3 湿陷性土场地勘察，除应遵守本规范第4章的规定外，尚应符合下列要求：

1 勘探点的间距应按本规范第4章的规定取小值。对湿陷性土分布极不均匀的场地应加密勘探点；

2 控制性勘探孔深度应穿透湿陷性土层；

3 应查明湿陷性土的年代、成因、分布和其中的夹层、包含物、胶结物的成分和性质；

4 湿陷性碎石土和砂土，宜采用动力触探试验和标准贯入试验确定力学特性；

5 不扰动土试样应在探井中采取；

6 不扰动土试样除测定一般物理力学性质外，尚应做土的湿陷性和湿化试验；

7 对不能取得不扰动土试样的湿陷性土，应在探井中采用大体积法测定密度和含水量；

8 对于厚度超过2m的湿陷性土，应在不同深度处分别进行浸水载荷试验，并应不受相邻试验的浸水影响。

6.1.4 湿陷性土的岩土工程评价应符合下列规定：

1 湿陷性土的湿陷程度划分应符合表6.1.4的规定；

2 湿陷性土的地基承载力宜采用载荷试验或其他原位测试确定；

3 对湿陷性土边坡，当浸水因素引起湿陷性土本身或其与下伏地层接触面的强度降低时，应进行稳定性评价。

表 6.1.4　湿陷程度分类

湿陷程度＼试验条件	附加湿陷量 ΔF_s(cm)	
	承压板面积 0.50m^2	承压板面积 0.25m^2
轻微	$1.6<\Delta F_s\leqslant 3.2$	$1.1<\Delta F_s\leqslant 2.3$
中等	$3.2<\Delta F_s\leqslant 7.4$	$2.3<\Delta F_s\leqslant 5.3$
强烈	$\Delta F_s>7.4$	$\Delta F_s>5.3$

6.3.2　软土勘察除应符合常规要求外，尚应查明下列内容：

1　成因类型、成层条件、分布规律、层理特征、水平向和垂直向的均匀性；

2　地表硬壳层的分布与厚度、下伏硬土层或基岩的埋深和起伏；

3　固结历史、应力水平和结构破坏对强度和变形的影响；

4　微地貌形态和暗埋的塘、浜、沟、坑、穴的分布、埋深及其填土的情况；

5　开挖、回填、支护、工程降水、打桩、沉井等对软土应力状态、强度和压缩性的影响；

6　当地的工程经验。

6.3.7　软土的岩土工程评价应包括下列内容：

1　判定地基产生失稳和不均匀变形的可能性；当工程位于池塘、河岸、边坡附近时，应验算其稳定性；

2　软土地基承载力应根据室内试验、原位测试和当地经验，并结合下列因素综合确定：

1）软土成层条件、应力历史、结构性、灵敏度等力学特性和排水条件；

2）上部结构的类型、刚度、荷载性质和分布，对不均匀沉降的敏感性；

3）基础的类型、尺寸、埋深和刚度等；

4）施工方法和程序。

3　当建筑物相邻高低层荷载相差较大时，应分析其变形差异和相互影响；当地面有大面积堆载时，应分析对相邻建筑物的不利影响；

4　地基沉降计算可采用分层总和法或土的应力历史法，并应根据当地经验进行修正，必要时，应考虑软土的次固结效应；

5　提出基础形式和持力层的建议；对于上为硬层，下为软土的双层土地基应进行下卧层验算。

6.5.5　填土的岩土工程评价应符合下列要求：

1　阐明填土的成分、分布和堆积年代，判定地基的均匀性、压缩性和密实度；必要时应按厚度、强度和变形特性分层或分区评价；

2　对堆积年限较长的素填土、冲填土和由建筑垃圾或性能稳定的工业废料组成的杂填土，当较均匀和较密实时可作为天然地基；由有机质含量较高的生活垃圾和对基础有腐蚀性的工业废料组成的杂填土，不宜作为天然地基；

3　填土地基承载力应按本规范第 4.1.24 条的规定综合确定；

4　当填土底面的天然坡度大于 20%时，应验算其稳定性。

《北京地区建筑地基基础勘察设计规范》DBJ 11—501—2009（2016年版）

7.6.2 当利用城区人工填土作为建筑物地基时，地基勘察应满足下列要求：

1 拟建建筑物基础范围内，勘探点间距不宜大于15m，每幢建筑物不应少于4个勘探点。勘探孔深度应满足本规范第6.2.2条的要求，并应进入天然土层面下不少于1m，控制性勘探点不应少于勘探点总数的1/2。

2 测试手段宜用轻型圆锥动力触探、静力触探，必要时可采取原状土样进行包括湿陷性试验在内的物理力学性质试验，当需提高承载力时应进行平板载荷试验，工程本身需要且建筑物及场地条件有研究价值时，应进行沉降观测。

3 勘察报告应对建筑物在施工和使用过程中可能发生的问题进行说明，并提出相应措施的建议，对地基可能进行的局部处理提出方案性建议。

《岩土工程勘察规范》GB 50021—2001（2009年版）

6.2.4 红黏土地区勘探点的布置，应取较密的间距，查明红黏土厚度和状态的变化。初步勘察勘探点间距宜取30m～50m；详细勘察勘探点间距，对均匀地基宜取12m～24m，对不均匀地基宜取6m～12m。厚度和状态变化大的地段，勘探点间距还可加密。各阶段勘探孔的深度可按本规范第4.1节的有关规定执行。对不均匀地基，勘探孔深度应达到基岩。

对不均匀地基、有土洞发育或采用岩面端承桩时，宜进行施工勘察，其勘探点间距和勘探孔深度根据需要确定。

6.2.8 红黏土的岩土工程评价应符合下列要求：

1 建筑物应避免跨越地裂密集带或深长地裂地段；

2 轻型建筑物的基础埋深应大于大气影响急剧层的深度；炉窑等高温设备的基础应考虑地基土的不均匀收缩变形；开挖明渠时应考虑土体干湿循环的影响；在石芽出露的地段，应考虑地表水下渗形成的地面变形；

3 选择适宜的持力层和基础形式，在满足本条第2款要求的前提下，基础宜浅埋，利用浅部硬壳层，并进行下卧层承载力的验算；不能满足承载力和变形要求时，应建议进行地基处理或采用桩基础。

4 基坑开挖时宜采用保湿措施，边坡应及时维护，防止失水干缩。

6.4.2 混合土的勘察应符合下列要求：

1 查明地形和地貌特征，混合土的成因、分布，下卧土层或基岩的埋藏条件；

2 查明混合土的组成、均匀性及其在水平方向和垂直方向上的变化规律；

3 勘探点的间距和勘探孔的深度除应满足本规范第4章的要求外，尚应适当加密加深；

4 应有一定数量的探井，并应采取大体积土试样进行颗粒分析和物理力学性质测定；

5 对粗粒混合土宜采用动力触探试验，并应有一定数量的钻孔或探井检验；

6 现场载荷试验的承压板直径和现场直剪试验的剪切面直径都应大于试验土层最大粒径的5倍，载荷试验的承压板面积不应小于$0.5m^2$，直剪试验的剪切面面积不宜小于$0.25m^2$。

6.4.3 混合土的岩土工程评价应包括下列：

1 混合土的承载力应采用载荷试验、动力触探试验并结合当地经验确定；

2 混合土边坡的容许坡度值可根据现场调查和当地经验确定。对重要工程应进行专门试验研究。

6.6.3 多年冻土勘察应根据多年冻土的设计原则、多年冻土的类型和特征进行，并应查明下列内容：

1 多年冻土的分布范围及上限深度；

2 多年冻土的类型、厚度、总含水量、构造特征、物理力学和热学性质；

3 多年冻土层上水、层间水和层下水的赋存形式、相互关系及其对工程的影响；

4 多年冻土的融沉性分级和季节融化层土的冻胀性分级；

5 厚层地下冰、冰椎、冰丘、冻土沼泽、热融滑塌、热融湖塘、融冻泥流等不良地质作用的形态特征、形成条件、分布范围、发生发展规律及其对工程的危害程度。

6.6.6 多年冻土的岩土工程评价应符合下列要求：

1 多年冻土的地基承载力，应区别保持冻结地基和容许融化地基，结合当地经验用载荷试验或其他原位测试方法综合确定，对次要建筑物可根据邻近工程经验确定；

2 除次要工程外，建筑物宜避开饱冰冻土、含土冰层地段和冰椎、冰丘、热融湖、厚层地下冰，融区与多年冻土区之间的过渡带，宜选择坚硬岩层、少冰冻土和多冰冻土地段以及地下水位或冻土层上水位低的地段和地形平缓的高地。

《膨胀土地区建筑技术规范》GBJ 50112—2013

4.3.1 场地评价应查明膨胀土的分布及地形地貌条件，并应根据工程地质特征及土的膨胀潜势和地基胀缩等级等指标，对建筑场地进行综合评价，对工程地质及土的膨胀潜势和地基胀缩等级进行分区。

《岩土工程勘察规范》GB 50021—2001（2009年版）

6.7.4 膨胀岩土的勘察应遵守下列规定：

1 勘探点宜结合地貌单元和微地貌形态布置；其数量应比非膨胀岩土地区适当增加，其中采取试样的勘探点不应少于全部勘探点的1/2；

2 勘探孔的深度，除应满足基础埋深和附加应力的影响深度外，尚应超过大气影响深度；控制性勘探孔不应小于8m，一般性勘探孔不应小于5m；

3 在大气影响深度内，每个控制性勘探孔均应采取Ⅰ、Ⅱ级土试样，取样间距不应大于1.0m，在大气影响深度以下，取样间距可为1.5m～2.0m；一般性勘探孔从地表下1m开始至5m深度内，可取Ⅲ级土试样，测定天然含水量。

6.8.4 盐渍岩土的勘探测试应符合下列规定：

1 除应遵守本规范第4章规定外，勘探点布置尚应满足查明盐渍岩土分布特征的要求；

2 采取岩土试样宜在干旱季节进行，对用于测定含盐离子的扰动土取样，宜符合表6.8.4的规定；

表 6.8.4　盐渍土扰动土试样取样要求

勘察阶段	深度范围（m）	取土试样间距（m）	取样孔占勘探孔总数的百分数（%）
初步勘察	<5	1.0	100
	5～10	2.0	50
	>10	3.0～5.0	20
详细勘察	<5	0.5	100
	5～10	1.0	50
	>10	2.0～3.0	30

注：浅基取样深度到 10m 即可。

3　工程需要时，应测定有害毛细水上升的高度；

4　应根据盐渍土的岩性特征，选用载荷试验等适宜的原位测试方法，对于溶陷性盐渍土尚应进行浸水载荷试验确定其溶陷性；

5　对盐胀性盐渍土宜现场测定有效盐胀厚度和总盐胀量，当土中硫酸钠含量不超过 1%时，可不考虑盐胀性；

6　除进行常规室内试验外，尚应进行溶陷性试验和化学成分分析，必要时可对岩土的结构进行显微结构鉴定；

7　溶陷性指标的测定可按湿陷性土的湿陷试验方法进行。

6.8.5　盐渍岩土的岩土工程评价应包括下列内容：

1　岩土中含盐类型、含盐量及主要含盐矿物对岩土工程特性的影响；

2　岩土的溶陷性、盐胀性、腐蚀性和场地工程建设的适宜性；

3　盐渍土地基的承载力宜采用载荷试验确定，当采用其他原位测试方法时，应与载荷试验结果进行对比；

4　确定盐渍岩地基的承载力时，应考虑盐渍岩的水溶性影响；

5　盐渍岩边坡的坡度宜比非盐渍岩的软质岩石边坡适当放缓，对软弱夹层、破碎带应部分或全部加以防护；

6　盐渍岩土对建筑材料的腐蚀性评价应按本规范第 12 章执行。

6.9.2　风化岩和残积土的勘察应着重查明下列内容：

1　母岩地质年代和岩石名称；

2　按本规范附录 A 表 A.0.3 划分岩石的风化程度；

3　岩脉和风化花岗岩中球状风化体（孤石）的分布；

4　岩土的均匀性、破碎带和软弱夹层的分布；

5　地下水赋存条件。

6.9.6　风化岩和残积土的岩土工程评价应符合下列要求：

1　对于厚层的强风化和全风化岩石，宜结合当地经验进一步划分为碎块状、碎屑状和土状；厚层残积土可进一步划分为硬塑残积土和可塑残积土，也可根据含砾或含砂量划分为黏性土、砂质黏性土和砾质黏性土；

2　建在软硬互层或风化程度不同地基上的工程，应分析不均匀沉降对工程的影响；

3　基坑开挖后应及时进行检验，对于易风化的岩类，应及时砌筑基础或采取其他措施，防止风化发展；

4　对岩脉和球状风化体（孤石），应分析评价其对地基（包括桩基）的影响，并提出相应的建议。

6.10.4　污染土场地和地基的勘察，应根据工程特点和设计要求选择适宜的勘察手段，并应符合下列要求：

1　以现场调查为主，对工业污染应着重调查污染源、污染史、污染途径、污染物成分、污染场地已有建筑物受影响程度、周边环境等。对尾矿污染应重点调查不同的矿物种类和化学成分，了解选矿所采用工艺、添加剂及其化学性质和成分等。对垃圾填埋场应着重调查垃圾成分、日处理量、堆积容量、使用年限、防渗结构、变形要求及周边环境等。

2　采用钻探或坑探采取土试样，现场观察污染土颜色、状态、气味和外观结构等，并与正常土比较，查明污染土分布范围和深度。

3　直接接触试验样品的取样设备应严格保持清洁，每次取样后均应用清洁水冲洗后再进行下一个样品的采取；对易分解或易挥发等不稳定组分的样品，装样时应尽量减少土样与空气的接触时间，防止挥发性物质流失并防止发生氧化；土样采集后宜采取适宜的保存方法并在规定时间内运送至实验室。

4　对需要确定地基土工程性能的污染土，宜采用以原位测试为主的多种手段；当需要确定污染土地基承载力时，宜进行载荷试验。

6.10.10　污染土评价应根据任务要求进行，对场地和建筑物地基的评价应符合下列要求：

1　污染源的位置、成分、性质、污染史及对周边的影响；

2　污染土分布的平面范围和深度、地下水受污染的空间范围；

3　污染土的物理力学性质，评价污染对土的工程特性指标的影响程度；

4　工程需要时，提供地基承载力和变形参数，预测地基变形特征；

5　污染土和水对建筑材料的腐蚀性；

6　污染土和水对环境的影响；

7　分析污染发展趋势；

8　对已建项目的危害性或拟建项目适宜性的综合评价。

《房屋建筑和市政基础设施工程勘察文件编制深度规定》（2020年版）

6.2.1　湿陷性土勘察报告应包括下列内容：

1　湿陷性土地层的时代、成因及分布范围；

2　湿陷性土层的厚度；

3　湿陷系数、自重湿陷系数和湿陷起始压力随深度的变化；

4　场地湿陷类型和地基湿陷等级及其平面分布；

5　地下水等环境水的变化趋势；

6　需进行地基处理时，应说明处理目的、处理方法、处理深度，提供地基处理所需岩土参数；

7　采用桩基时应提供持力层和适宜的成桩方式建议，提供桩基设计有关岩土参数，自重湿陷性黄土场地应提供桩的负摩阻力建议值。

6.2.2 红黏土勘察报告应包括下列内容：

1 不同地貌单元红黏土的类型、分布、厚度、物质组成、土性等特征；

2 红黏土的状态；

3 膨胀收缩裂隙发育分布深度、发育程度及其特征；

4 红黏土下伏基岩岩性，岩溶发育特征及其与红黏土土性、厚度变化的关系；

5 地下水、地表水的分布、动态及其与红黏土状态垂向分带的关系；

6 裂隙发育的红黏土应提供三轴剪切试验或无侧限抗压强度试验成果；

7 地基的均匀性分类；

8 地基持力层、基础形式选择，建筑物避让地裂密集带或深长地裂地段的建议。

6.2.3 软土勘察报告应包括下列内容：

1 软土的成因类型、分布规律、地层结构、砂土夹层分布和均匀性；

2 软土层的强度与变形特征指标，固结情况和土体结构扰动对强度和变形的影响；

3 硬壳层的分布与厚度、下伏硬土层或基岩的埋深或起伏状况；

4 微地貌形态和暗埋的塘、浜、沟、坑、穴的分布、埋深及其填土的情况；

5 提供基础形式和持力层建议，对于上为硬层、下为软土的双层地基应提出进行下卧层强度验算建议；

6 判定地基产生失稳和不均匀变形的可能性；对工程位于池塘、河岸、边坡附近时应评价其稳定性，当地面有大面积堆载时应分析其对相邻建（构）筑物的不利影响；

7 基坑工程应提供抗剪强度参数、渗透系数、基坑开挖和降水方法建议；

8 开挖、回填、支护、工程降水、打桩、沉井等施工方法对施工安全和周围环境的影响评价；

9 进行地基处理时，应提出监测建议。

6.2.4 混合土勘察报告应包括下列内容：

1 混合土的名称、物质组成、来源；

2 混合土场地及其周围地形、地貌；

3 混合土的成因、分布，下伏土层或基岩的埋藏条件；

4 混合土中粗大颗粒的风化情况，细颗粒的成分和状态；

5 混合土的均匀性及其在水平方向和垂直方向上的变化规律；

6 地下水的分布和赋存条件、透水性和富水性，不同水体的水力联系；

7 不均匀混合土地基工程应分析评价不均匀沉降对工程的影响；

8 评价混合土地基对工程的影响，提出处理措施的建议，提供设计施工所需的岩土参数。

6.2.5 填土勘察报告应包括下列内容：

1 填土的类型、成分、分布、厚度、堆填年代和固结程度；

2 地基的均匀性、压缩性、密实度和湿陷性；

3 当填土作为持力层时，提供地基承载力；

4 当填土底面的坡度大于20%，应根据场地地基条件评价其稳定性；

5　有关填土地基处理和基础方案的建议；

6　欠固结的填土采用桩基时应提供桩的负摩阻力建议值；

7　当存在有机质、有毒元素、有害气体时，应根据其含量、分布评价其对工程、环境的影响。

6.2.6　多年冻土勘察报告应包括下列内容：

1　多年冻土的分布范围及上限深度；

2　多年冻土的类型、厚度、总含水量、构造特征；

3　多年冻土层上水、层间水和层下水的赋存形式、相互关系及其对工程的影响；

4　多年冻土的融沉性分级和季节融化层土的冻胀性分级；

5　厚层地下冰、冰椎、冰丘、冻土沼泽、热融滑塌、热融湖塘、融冻泥流等不良地质作用的形态特征、形成条件、分布范围、发生发展规律及其对工程的危害程度；

6　多年冻土特殊的物理力学和热学性质指标；

7　多年冻土的地基类型和地基承载力。

6.2.7　膨胀岩土勘察报告应包括下列内容：

1　膨胀岩土的地质年代、岩性、矿物成分、成因、产状、分布以及颜色、裂隙发育情况和充填物等特征；

2　划分地形、地貌单元和场地类型；

3　浅层滑坡、裂缝、冲沟和植被情况；

4　地表水的排泄和积聚情况、地下水的类型、水位及其变化规律；

5　当地降水量、干湿季节、干旱持续时间等气象资料、大气影响深度；

6　自由膨胀率、一定压力下的膨胀率、收缩系数、膨胀力等指标；

7　膨胀潜势、地基的膨胀变形量、收缩变形量、胀缩变形量、胀缩等级；

8　提供膨胀岩土预防措施及地基处理方案的建议。

6.2.8　盐渍土勘察报告应包括下列内容：

1　盐渍土场地及其周围地形、地貌，当地气象和水文资料；

2　盐渍岩土的成因、分布和特点；

3　含盐类型、含盐量及其在岩土中的分布以及对岩土工程特性的影响；

4　地下水与地表水的相互关系，地下水的类型、埋藏条件、水质、水位及其季节变化，有害毛细水上升高度；

5　岩土的溶陷性、盐胀性、腐蚀性对地基稳定性的影响及地基处理和防治措施的建议。

6.2.9　风化岩和残积土勘察报告应包括下列内容：

1　残积土母岩的地质年代和岩石名称，下伏基岩的产状和裂隙发育程度；

2　风化程度的划分及其分布、埋深和厚度；

3　岩土的均匀性和软弱夹层的分布、产状及其对地基稳定性的影响；

4　对花岗岩残积土，测定其中细粒土的天然含水量 w_{f}、塑限 w_{P}、液限 w_{L}；

5　地下水的赋存条件、透水性和富水性，不同含水层的水力联系；

6　建在软硬不均或风化程度不同地基上的工程，分析不均匀沉降对工程的影响；

7 岩脉、球状风化体（孤石）的分布及其对地基基础（包括桩基）的影响，并提出相应的建议。

6.2.10 污染土场地勘察报告应包括下列内容：

1 污染源的位置、成分、性质、污染史及对周边的影响；

2 污染土分布的平面范围和深度、地下水受污染的空间范围；

3 污染土的物理力学性质，评价污染对土的工程特性指标的影响程度；

4 污染土和水对建筑材料的腐蚀性；

5 根据污染土、水分布特点与污染程度，结合拟建工程采用的基础形式，提出污染土、水处置建议。

8.1.2 问题解析

1. 未进行特殊性岩土（填土及风化岩）评价。

【解析】特殊性岩土分布具有强烈的地域特点。在勘察前期应进行调查工作，确定该地区有哪些特殊性岩土，并针对性开展工作，否则容易造成工程事故。

2. 未查明填土坑情况。

【解析】未调查了解填土坑的形成原因、回填年限、回填土性质，明确平面范围。

3. 填土厚度表述不明确。

【解析】未明确表述人工填土层总体厚度和层底标高。

4. 未评价震陷。

【解析】未对深厚填土或填土坑进行震陷评价。

5. 缺相关岩土设计所需参数。

【解析】填土具有不均匀性、湿陷性，应查明填土的类型、成分、分布、厚度、堆填年代和固结程度。如果是欠固结，应提供桩的负摩阻力建议值。如果利用其作为持力层，应提供承载力和压缩模量。基坑设计时，需提供有关设计参数。

6. 未明确风化岩、残积土对工程的影响。

【解析】风化岩和残积土应查明母岩地质年代和岩石名称、风化程度。建在软硬不均或风化程度不同地基上的工程，应分析不均匀沉降对工程的影响。

7. 提供的软土的物理力学性质指标依据不足，未提供地基基础设计所需岩土参数。

【解析】软土应根据室内试验、原位测试和当地经验确定地基承载力、剪强度参数、渗透系数、桩的设计参数，提出桩基、地基处理、基坑开挖和降水方法建议等。

8. 湿陷性土分析评价不全面。

【解析】湿陷性土应查明土层的厚度、湿陷系数、自重湿陷系数和湿陷起始压力随深度的变化，场地湿陷类型和地基湿陷等级及其平面分布。

9. 污染土分析评价不全面。

【解析】污染土宜采用以原位测试为主的多种手段，查明污染源的位置、成分、性质、污染史及对周边的影响，污染土分布的平面范围和深度、地下水受污染的空间范围污染土和水对建筑材料的腐蚀性。

8.2　山区地基和边坡勘察

8.2.1　标准要求

《北京地区建筑地基基础勘察设计规范》DBJ 11—501—2009（2016年版）

10.1.1　山区建筑地基的勘察、设计，应查明下列问题：

1　建筑场地及其附近有无断层、滑坡、危岩和崩塌、泥石流、采空区、塌陷、岩溶等不良地质作用；

1A　既有挖、填方工程等导致的不均匀地基或不稳定边坡；

2　（此款删除）

3　受洪水威胁的可能性；

4　（此款删除）

5　地基土的类型及其不均匀性；

6　特殊性岩土的分布规律及性质。

《岩土工程勘察规范》GB 50021—2001（2009年版）

4.7.1　边坡工程勘察应查明下列内容：

1　地貌形态，当存在滑坡、危岩和崩塌、泥石流等不良地质作用时，应符合本规范第5章的要求；

2　岩土的类型、成因、工程特性，覆盖层厚度，基岩面的形态和坡度；

3　岩体主要结构面的类型、产状、延展情况、闭合程度、充填状况、充水状况、力学属性和组合关系，主要结构面与临空面关系，是否存在外倾结构面；

4　地下水的类型、水位、水压、水量、补给和动态变化，岩土的透水性和地下水的出露情况；

5　地区气象条件（特别是雨期、暴雨强度），汇水面积、坡面植被，地表水对坡面、坡脚的冲刷情况；

6　岩土的物理力学性质和软弱结构面的抗剪强度。

《建筑边坡工程技术规范》GB 50330—2013

4.2.2　边坡工程勘察应查明下列内容：

1　场地地形和场地所在地貌单元；

2　岩土时代、成因、类型、性状、覆盖层厚度、基岩面的形态和坡度、岩石风化和完整程度；

3　岩、土体的物理力学性能；

4 主要结构面特别是软弱结构面的类型、产状、发育程度、延伸程度、结合程度、充填状况、充水状况、组合关系、力学属性和与临空面的关系；

5 地下水水位、水量、类型、主要含水层分布情况、补给及动态变化情况；

6 岩土的透水性和地下水的出露情况；

7 不良地质现象的范围和性质；

8 地下水、土对支护结构材料的腐蚀性；

9 坡顶邻近（含基坑周边）建（构）筑物的荷载、结构、基础形式和埋深，地下设施的分布和埋深。

4.2.12 建筑边坡工程勘察除应进行地下水力学作用和地下水物理、化学作用的评价以外，还应论证孔隙水压力变化规律和对边坡应力状态的影响，并应考虑雨季和暴雨过程的影响。

《房屋建筑和市政基础设施工程勘察文件编制深度规定》（2020年版）

6.3.1 边坡工程勘察报告应明确地质条件和边坡稳定性结论，做到参数取值合理、治理措施可行，并应包括下列内容：

1 边坡分类、高度、坡度、形态、坡顶高程、坡底高程、开挖线、堆坡线和边坡平面尺寸以及拟建场地的整平高程；

2 边坡位置及其与拟建工程的关系；

3 边坡影响范围内的建（构）筑物情况、地下管网设施情况等；

4 地形地貌形态，覆盖层厚度、边坡基岩面的形态和坡度；

5 岩土的类型、成因、性状、岩石风化和完整程度；

6 岩体主要结构面（特别是软弱结构面）的类型、产状、发育程度、延展情况、贯通程度、闭合程度、风化程度、充填状况、充水状况、组合关系、力学属性和与临空面的关系；

7 岩土物理力学性质、岩质边坡的岩体分类、边坡岩体等效内摩擦角、结构面的抗剪强度等边坡治理设计与施工所需的岩土参数；

8 地下水的类型、水位、主要含水层的分布情况、岩体和软弱结构面中的地下水情况、岩土的透水性和地下水的出露情况、地下水对边坡稳定性的影响以及地下水控制措施建议；

9 不良地质作用的范围和性质、边坡变形迹象、变形时间和机理以及演化趋势等；

10 地区气象条件（特别是雨期、暴雨强度），汇水面积、坡面植被，地表水对坡面、坡脚的冲刷情况；

11 边坡稳定性评价结论和建议；

12 边坡工程安全等级。

6.3.2 边坡稳定性评价应包括下列内容：

1 边坡的破坏模式和稳定性评价方法；

2 稳定性验算中主要岩土参数的取值原则、取值依据；

3　稳定性验算以及验算结果评价；
4　边坡对周边环境的影响评价以及防护措施建议；
5　边坡防护处理措施和监测方案建议；
6　边坡治理设计与施工所需的岩土参数；
7　护坡设计与施工应注意的问题。

8.2.2　问题解析

1. 未评价洪水影响。

【解析】场地位于山区谷地，未进行洪水影响评价。

2. 未评价斜坡稳定性及其工程影响。

【解析】位于斜坡上的管线，未评价斜坡的稳定性及位于岩体上土体的稳定性，未考虑对管线的不利影响。

3. 不良地质作用评价不全面。

【解析】山区地基和边坡工程主要问题是查明不良地质作用发育程度及其影响，评价边坡和地基稳定问题。

4. 未进行地基土的类型及其不均匀性评价。

【解析】山区地基勘察和评价应考虑防止雨季降水对不均匀地基及不良地质作用的影响，因为雨季是地质灾害、地基不均匀沉降频发时期。

8.3　不良地质作用和地质灾害

8.3.1　标准要求

《岩土工程勘察规范》GB 50021—2001（2009年版）

5.1.1　拟建工程场地或其附近存在对工程安全有影响的岩溶时，应进行岩溶勘察。

5.2.1　拟建工程场地或其附近存在对工程安全有影响的滑坡或有滑坡可能时，应进行专门的滑坡勘察。

5.3.1　拟建工程场地或其附近存在对工程安全有影响的危岩或崩塌时，应进行危岩和崩塌勘察。

5.4.1　拟建工程场地或其附近有发生泥石流的条件并对工程安全有影响时，应进行专门的泥石流勘察。

5.8.1　抗震设防烈度等于或大于7度的重大工程场地应进行活动断裂（以下简称断裂）勘察。断裂勘察应查明断裂的位置和类型，分析其活动性和地震效应，评价断裂对工程建设可能产生的影响，并提出处理方案。

《北京地区建筑地基基础勘察设计规范》DBJ 11—501—2009（2016 年版）

10.3.1 采空区建筑地基应进行专项勘察，工作内容应符合现行国家标准《煤矿采空区岩土工程勘察规范》GB 51044 的规定，并应进行工程地质调查与测绘，查明是小窑采空区还是大面积采空区以及采空区上覆地层的岩性、厚度、稳定性等。对于小窑采空区，查明采空区和巷道的位置、地表变形情况；对于大面积采空区应研究地表移动和变形的规律。进行采空区场地及地基稳定性评价，采取有效的建筑措施和结构措施，以避免或减少地表变形对建筑物的影响。

《房屋建筑和市政基础设施工程勘察文件编制深度规定》（2020 年版）

6.4.1 勘察场区存在不良地质作用和地质灾害时，勘察报告应对其进行分析评价。对规模较大、危害严重的不良地质作用和地质灾害，应进行专门的勘察与评价工作，并提交相应的专题报告。

6.4.2 岩溶勘察报告应包括下列内容：

1 岩溶发育的区域地质背景；

2 场地地貌、地层岩性、岩面起伏、形态和覆盖层厚度、可溶性岩特性；

3 场地构造类型，断裂构造、褶皱构造和节理裂隙密集的位置、规模、性质、分布，分析构造与岩溶发育的关系；

4 地下水类型、埋藏条件、补给、径流和排泄情况及动态变化规律，地表水系与地下水水力联系；

5 岩溶类型、形态、位置、大小、分布、充填情况和发育规律；

6 分析岩溶的形成条件，人类活动对岩溶的影响；

7 土洞和地面塌陷的成因、分布位置、埋深、大小、形态、发育规律、与下伏岩溶的关系、影响因素及发展趋势和危害性，地面塌陷与人工抽（降）水的关系；

8 岩溶与土洞稳定性分析评价及对工程的影响；

9 对施工勘察、防治措施和监测建议。

6.4.3 滑坡勘察报告应包括下列内容：

1 滑坡区的地质背景，水文、气象条件；

2 滑坡区的地形地貌、地层岩性、地质构造与地震；

3 滑坡的类型、范围、规模、滑动方向、形态特征及边界条件、滑动带岩土特性，近期变形破坏特征、发展趋势、影响范围及对工程的危害性；

4 场地水文地质特征、地下水类型、埋藏条件、岩土的渗透性，地下水补给、径流和排泄情况、泉和湿地等的分布；

5 地表水分布、场地汇水面积、地表径流条件；

6 滑坡形成条件、影响因素及因素敏感性分析、滑坡破坏模式与计算方法、与滑坡稳定性相应的岩土抗剪强度参数；

7 分析与评价滑坡稳定性，工程建设适宜性；

8 提供防治工程设计的岩土参数；

9　提出防治措施和监测建议。

6.4.4　危岩和崩塌勘察报告应包括下列内容：

1　危岩和崩塌地质背景，水文、气象条件；

2　地形地貌、地层岩性、地质构造与地震、水文地质特征、人类活动情况；

3　危岩和崩塌类型、范围、规模、崩落方向、形态特征及边界条件、危岩体岩性特征、风化程度和岩体完整程度、近期变形破坏特征、发展趋势和对工程与环境的危害性；

4　危岩和崩塌的形成条件、影响因素；

5　评价危岩和崩塌的稳定性、影响范围、危害程度及工程建设的适宜性；

6　提供防治工程设计的岩土参数；

7　提供防治措施和监测建议。

6.4.5　泥石流勘察报告应包括下列内容：

1　泥石流的地质背景，水文、气象条件（暴雨强度、一次最大降雨量等）；

2　地形地貌特征、地层岩性、地质构造与地震、水文地质特征、植被情况、有关的人类活动情况；

3　泥石流的类型、历次发生时间、规模、物质组成、颗粒成分，暴发的频度和强度、形成历史、近期破坏特征、发展趋势和危害程度；

4　泥石流形成区的水源类型、水量、汇水条件、汇水面积，固体物质的来源、分布范围、储量；

5　泥石流流通区沟床、沟谷发育情况、切割情况、纵横坡度、沟床的冲淤变化和泥石流痕迹；

6　泥石流堆积区的堆积扇分布范围、表面形态、堆积物性质、层次、厚度、粒径；

7　分析泥石流的形成条件，泥石流的工程分类，评价其对工程建设的影响；

8　提供防治设计和施工需要的泥石流特征参数和岩土参数；

9　提出防治措施和监测建议。

6.4.6　采空区勘察报告应包括下列内容：

1　采空区的区域地质概况和地形地貌条件；

2　采空区的范围、层数、埋藏深度、开采时间、开采方式、开采厚度、上覆岩层的特性等；

3　采空区的塌落、空隙、填充和积水情况，填充物的性状、密实程度等；

4　地表变形特征、变化规律、发展趋势，对工程的危害性；

5　场地水文地质条件、采空区附近的抽水和排水情况及其对采空区稳定的影响；

6　采空区稳定性分析与评价，预测现采空区和采空区未来的地表移动、变形的特征和规律性，评价工程建设的适宜性；

7　提供防治工程设计的岩土参数；

8　提出防治措施和监测建议。

6.4.7　地面沉降勘察报告应包括下列内容：

1　场地地貌和微地貌；

2 第四纪堆积物岩性、年代、成因、厚度、埋藏条件；

3 地下水埋藏条件，含水层渗透系数、地下水补给、径流、排泄条件，地下水位、水头升降变化幅度和速率；

4 地面建筑、构筑物和地下管线受影响情况，沉降、倾斜、裂缝大小、管线断裂及其发生过程；

5 分析地面沉降产生原因、变化规律和发展趋势，分析地面沉降影响因素，评价工程建设的适宜性；

6 提出防治措施和监测建议。

6.4.8 地裂缝勘察报告应包括下列内容：

1 场地地形地貌、地质构造；

2 土层岩性、年代、成因、厚度、埋藏条件；

3 地下水埋藏条件，含水层渗透系数、地下水补给、径流、排泄条件；

4 地裂缝发育情况、分布规律，裂缝形态、大小、延伸方向、延伸长度，裂缝间距，裂缝发育的土层位置、裂缝性质；

5 断裂与地裂缝的关系，地下水开采和地下水位降落漏斗的形成和发展过程，与地裂缝分布的关系；

6 地面建筑、构筑物和地下管线受影响情况；

7 分析地裂缝产生的原因，分析地裂缝与断裂构造的关系，评价工程建设的适宜性；

8 提供防治工程设计的岩土参数；

9 提出防治措施和监测建议。

6.4.9 活动断裂勘察报告应包括下列内容：

1 活动断裂调查与勘探结果和地质地貌判别依据；

2 活动断裂的位置、类型、产状、规模、断裂带的宽度、岩性、岩体破碎和胶结程度、富水性及与拟建工程的关系；

3 活动断裂的活动年代、活动速率、错动方式和地震效应；

4 评价活动断裂对建筑物可能产生的危害和影响，提出避让或工程措施建议；

5 提出防治措施和监测建议。

8.3.2 问题解析

1. 勘察报告未见影响场地稳定的不良地质作用结论或评价简单、不全面。

【解析】不良地质作用危害很大，甚至影响到整个建设场地，通常要避开不良地质作用危害区，并且有些场地不良地质作用源头在场地之外，因此，相关勘察主要在选址和可研阶段进行。通常要根据任务要求专门进行。

后期勘察主要是在不良地质作用可以治理且工程建设无法避开时进一步开展勘察工作，对不良地质作用治理提出建议，提供设计和施工所需岩土参数。

2. 不良地质作用评价不全面或不明确。

【解析】

地震液化、地面沉降为不良地质作用，场地稳定性评价对此未见明确的评价结论。

图 8.3.1～图 8.3.3 为广东某重大滑坡事故滑坡前、滑坡后以及修复后情况。

图 8.3.1　广东某重大滑坡事故（滑坡前）

图 8.3.2　广东某重大滑坡事故（滑坡后）

图 8.3.3　广东某重大滑坡事故（修复后）

9 岩土工程评价

9.1 岩土指标统计

9.1.1 标准要求

《房屋建筑和市政基础设施工程勘察文件编制深度规定》(2020年版)

4.4.1 应根据钻探(井探、槽探、洞探)记录、工程地质测绘和调查资料、室内试验和原位测试成果,对不同工程地质单元进行工程地质分区及岩土分层,并进行岩土指标统计。 4.4.2 岩土指标统计应根据实际试验项目和岩土工程评价需要进行,下列项目应进行统计: 1 岩土的天然密度、天然含水率; 2 粉土、黏性土的孔隙比; 3 黏性土的液限、塑限、液性指数和塑性指数; 4 土的压缩性、抗剪强度等力学特征指标; 5 岩石的密度、软化系数、吸水率、单轴抗压强度; 6 特殊性岩土的特征指标; 7 原位测试指标; 8 其他岩土指标。 4.4.3 岩土指标统计应提供统计个数,平均值、最小值、最大值等。

《北京地区建筑地基基础勘察设计规范》DBJ 11—501—2009(2016年版)

6.4.2 岩土测试指标的统计应满足下列要求:

1 测试指标应按不同工程地质单元,认真筛选,剔除明显不合理的数据后,分层统计。

2 每层岩土的测试项目均应统计其平均值、最大值、最小值和指标个数。

3 主要岩土层的关键性测试指标,包括孔隙比、压缩模量、黏聚力、内摩擦角、轻型圆锥动力触探锤击数、标准贯入试验锤击数等应按式(6.4.2)计算变异系数:

$$\delta=\frac{\sigma_f}{f_m} \tag{6.4.2}$$

式中 δ——岩土参数的变异系数;

σ_f——岩土参数的标准差;

f_m——岩土参数的平均值。

4　岩土的变异系数应满足表 6.4.2 的规定。当变异系数超过表 6.4.2 的规定时，应分析原因，重新统计。

表 6.4.2　变异系数

指　　标	变异系数 δ
压缩模量 E_s	0.35
孔隙比 e	0.10
内摩擦角 φ	0.25
黏聚力 c	0.30
轻型圆锥动力触探锤击数 N_{10}	0.35
标准贯入试验锤击数 N	0.30

注：1　人工填土可不计算变异系数；
　　2　本表所列土的黏聚力和内摩擦角的变异系数，系针对直剪试验成果的要求。

9.1.2　问题解析

1. 量纲不规范。

【解析】岩土参数未标注量纲或量纲错误。

2. 缺物理力学性质指标。

【解析】物理力学指标统计表中，部分地层或亚层未提供质量密度和压缩模量值。

3. 文字、图表不一致。

【解析】物理指标统计表中地层不全。应与地层描述、剖面图一致。

4. 压缩模量标贯击数等统计极差过大、变异系数超标。

【解析】物理力学综合统计表中，变异系数超过规定标准要求的，应进行分析，地层划分是否合理，指标异常的原因。

土的压缩模量、标贯击数等统计极差偏大。应分析原因，删除异常指标。岩土指标统计应首先进行地层划分，同时对异常指标进行分析，以达到去伪存真。

5. 术语不规范。

【解析】密度 γ 应为重力密度（重度）。

6. 卵石层的密实度确定方法不正确。

【解析】卵石层的密实度可以根据剪切波速值或圆锥动力触探锤击数确定。

9.2　岩土工程评价的内容

9.2.1　标准要求

《房屋建筑和市政基础设施工程勘察文件编制深度规定》（2020 年版）

4.5.1　岩土工程评价应在工程地质测绘和调查、勘探、测试及搜集已有资料的基础上，结合工程特点和要求进行。应对拟建场地和地基基础进行评价，评价地质条件可能造成的工程风险，提出防治措施的建议，提供设计和施工所需岩土参数。

4.5.2 岩土工程评价应包括下列内容：

1 场地稳定性、适宜性评价；

2 场地地震效应评价；

3 地下水和地表水评价；

4 地基基础评价；

5 地下工程与周围环境的相互影响评价。

4.5.3 场地稳定性、适宜性评价应包括下列内容：

1 评价场地稳定性；

2 通过综合分析评价场地适宜性；

3 对存在影响场地稳定的不良地质作用提出防治措施的建议。

4.5.4 场地地震效应评价应在搜集场地地震历史资料和地质资料的基础上结合工程情况进行。地震效应评价应包括以下内容：

1 明确评价依据；

2 提供勘察场地的抗震设防烈度、设计基本地震加速度、设计地震分组；

3 确定场地类别，进行岩土地震稳定性（如滑坡、崩塌、液化和震陷特性等）评价；

4 划分对建筑有利、一般、不利和危险的地段；

5 存在饱和砂土或饱和粉土的场地，当场地抗震设防烈度为7度及7度以上时应进行液化判别；

6 场地液化判别应先进行初步判别，当初步判别后认为需要进行进一步判别时，应采用标准贯入试验方法进一步判别；

7 对可液化场地应评价液化等级和危害程度，提出抗液化措施的建议；

8 当场地类别、液化程度差异较大时，应进行分区，分别评价；

9 位于条状突出的山嘴、高耸孤立的山丘、非岩石和强风化岩石的陡坡、河岸和边坡边缘等不利地段的工程，应阐述边坡形态、相对高差、地层岩性、拟建工程至边坡的距离；

10 对需要采用时程分析法补充计算的工程，应根据设计要求提供土层剖面、场地覆盖层厚度和有关动力参数。

4.5.5 地下水和地表水评价应包括下列内容：

1 分析评价地下水（土）和地表水对建筑材料的腐蚀性；

2 当需要进行地下水控制时，应提出控制措施的建议，提供相关水文地质参数；

3 存在抗浮问题时进行抗浮评价，提出抗浮设防水位、抗浮措施建议，提供抗浮设计所需参数。

4 评价地表水与地下水的相互作用，施工和使用期间可能产生的变化及其对工程和环境的影响，提出地下水监测的建议。

4.5.6 地基基础评价应在充分了解拟建工程的设计条件基础上，根据建设场地工程地质条件、施工方法和周边环境因素，结合工程经验进行，并应符合下列要求。

1 提出安全可靠、技术可行的地基基础方案建议，提供设计、施工所需岩土参数；

2 分析施工可能遇到的地质问题及工程与周围环境的相互影响，提出防治措施和监测的建议。

4.5.11　室外管线和地下管廊工程评价应包括下列内容：

1　存在不良地质作用的地段，应评价其发展趋势及危害程度，分析管线产生沉陷、不均匀变形或整体失稳的可能性，提出防治措施建议，提供防治所需设计和施工岩土参数；

2　明挖直埋管线应根据埋置深度、沿线地面建筑或地下埋设物位置、岩土性质及地下水位等条件，分析明挖直埋的可行性和基槽边坡的稳定性，对可能产生潜蚀、流砂、管涌和坍塌的边坡提出降排水、支护或放坡措施建议；

3　顶管工程应分析顶管段地层岩性变化、富水特征及其影响，提供顶管设计所需参数及工作井与接收井地下水控制、支护措施建议，对顶管实施可行性做出评价；

4　判定环境水和土对管道和管基材料的腐蚀性，并提出防治措施建议。

4.5.12　城市堤岸工程的评价应包括下列内容：

1　分析堤岸沿线各地段的地形、地貌、地质、地层特征，分段分析与评价地基土工程性质和均匀性，提供各层地基土的承载力和变形参数、土压力计算和岸坡稳定性验算等设计和治理所需的岩土参数；

2　根据河流水文条件评价沿线岸坡稳定性和侵蚀程度，对堤岸结构类型和构筑物基础埋置深度和防腐措施提出建议；

3　根据地表水与地下水的排补关系，分析施工和使用期间地下水的变化趋势；

4　分析产生流土、管涌的可能性，提出防治措施建议；

5　对存在采砂活动或不良地质作用的地段，应评价河槽形态发展趋势及对岸坡稳定性的影响，提出整治措施建议和防治设计施工所需岩土参数；

6　对各类堤岸结构宜采用的基础形式以及地基处理措施提出建议；

7　提出工程施工监测建议。

4.5.13　垃圾填埋工程评价应包括下列内容：

1　分析场地地形地貌、不良地质作用和地质灾害等，评价场地和边坡的稳定性，提出处理措施的建议；

2　根据场地岩土分布及物理力学性质，评价地基土的强度与变形特征和地基土的均匀性，提供地基承载力；

3　分析拟建场区的水文地质条件，提供地基土的渗透系数等水文地质参数，分析评价渗漏可能影响的范围及危害程度，评价水和土对建筑材料的腐蚀性；

4　分析垃圾处理场（厂）类型、填埋场库区结构、容量、坝型和坝高、不同建（构）筑物的性质，建议适宜的基础形式、地基处理、防渗及边坡治理措施；

5　评价坝的稳定性，提供稳定性计算所需岩土参数；

6　对地下水位高的垃圾填埋场，应对施工期、空载候填期和下潜设施（如集水井、调节池）等不利条件进行抗浮、突涌分析，并提出相关建议；当需要进行地下水控制时，应提出相应建议并评价地下水控制对周围环境的影响；

7　根据工程及地基特点提出工程监测的建议；

8　当任务要求时，应根据垃圾渗沥液的化学成分，分析污染物的迁移规律，开展预测填埋场运营过程中出现渗沥液垂直和侧向渗漏、引起污染可能性专项评估的建议。

4.5.14 城市道路和轨道交通路基工程评价应包括下列内容：

1 分析拟建道路沿线工程地质条件，包括湿陷性黄土、软土、填土、膨胀土、冻土、地震液化土层等特殊路基的分布厚度和工程性质，评价路基基底的稳定性，提供治理所需岩土参数和处理措施建议；

2 分析沿线各段的地表水来源和排水条件，地下水类型与水位变化幅度，评价地表水和地下水对路基稳定性的影响；

3 划分市政道路土基干湿类型；

4 滨河道路或穿越河流、沟谷的道路，应分析评价浸泡冲刷作用对路堤的影响和路基稳定性，提供路堤边坡稳定性验算参数，并提出处理措施建议；

5 斜坡路基及深挖路堑地段，应提供边坡稳定性计算参数，评价边坡稳定性并提出支挡方式或开挖放坡、排水措施的建议。

6 软土地区的高路堤应提供变形计算参数，提出地基处理方法建议。

4.5.15 支挡结构工程评价应包括下列内容：

1 分析支挡工程位置的地质构造、地层岩性，提供支挡结构设计、施工所需的岩土参数；

2 评价支挡结构及地基稳定性和均匀性；

3 提出地基处理方法和支挡工程类型建议；

4 分析支挡地段水文地质条件，评价地下水对支挡建筑物的影响，提出施工时地下水控制所需参数及措施建议；

5 提出工程施工监测建议。

4.5.16 桥涵工程评价应包括下列内容：

1 分析桥位的周边建筑物分布、地形地貌、水文与地质条件及岸坡的不良地质作用，评价桥址的适宜性和桥台、岸坡的稳定性；

2 根据任务要求提供跨河桥水文资料、河床冲刷情况及河床物质组成；

3 分析地层岩性分布、河床冲淤变化趋势、地下水埋藏条件以及地基岩土的工程性质，并根据地基土冻胀深度，提出基础埋置深度和持力层选择建议，提供地基承载力及沉降验算参数；

4 当存在具有水头压力差的砂层、粉土地层时，应评价产生潜蚀、流土、管涌的可能性；

5 桥梁墩台明挖基础及地下箱涵通道等地下工程，应提供边坡稳定性验算参数，提出施工时地下水控制、岩土体支护与对相邻建筑物、管线监测建议；

6 当采用桩基础时，应符合本规定第 4.5.7 条要求；

7 当采用沉井基础时，应包括下列内容：

1）提供沉井外壁与周围岩土的摩阻力；

2）在河床、岸边施工时，评价人工开挖边坡对岸坡稳定性的影响；

3）阐明影响施工的块石、漂石和其他障碍物，分析沉井施工对邻近建筑的影响；

4）评价沉井地基承载力；

5）提供相关处理岩土参数，提出沉井施工问题防治措施的建议。

4.5.17　涵洞工程评价应包括下列内容：

1　分析地貌、地层、岩性、地质构造、天然沟床稳定状态、隐伏基岩的倾斜状态、不良地质作用和特殊地质条件，提出防治措施的建议，提供设计施工所需岩土参数；

2　分析涵洞地基水文地质条件，提供含水层的渗透系数等参数；

3　地基为人工填土时，应评价其适宜性，提供承载力值，对施工和使用过程中可能发生的问题进行说明，并提出相应措施的建议。

4.5.18　隧道工程评价应包括下列内容：

1　分析断裂构造和破碎带的位置、规模、产状和力学属性，划分岩体结构类型，任务要求时预测隧道的涌水量；

2　划分隧道岩土施工工程分级及围岩分级，评价地基及围岩的稳定性、均匀性；

3　分析施工中可能遇到的问题，提出防治措施和监测建议。

4.5.19　高架线路工程评价应包括下列内容：

1　提供桩基承载力和变形计算所需的参数，评价桩基稳定性，提出桩的类型、入土深度建议；

2　任务要求时提供跨河桥河流的流速、流量、抗洪设防水位、河流冲刷线等资料；

3　跨线桥应满足所跨线路（道路、公路、铁路）的相关要求。

4.5.20　车辆段和停车场工程评价应根据不同结构类型、场地平整的要求进行，并应包括下列内容：

1　建筑范围内岩土层的类型、深度、分布、工程特性，分析和评价地基的稳定性、均匀性和承载力，提出地基方案建议；

2　对需进行地基变形计算的建筑物，提供地基变形计算参数，预测建筑物的变形特征；

3　评价填方对工程的影响，提出填方工程对填料和施工控制要求。

4.5.21　矿山法施工评价应包括下列内容：

1　分析不良地质作用和特殊地质条件，指出可能出现的坍塌、冒顶、边墙失稳、洞底隆起、涌水突泥等现象及其区段；

2　在围岩分级的基础上，指出影响围岩稳定的薄弱部位，提出围岩加固的措施及建议；

3　对可能出现高地应力地段，进行地应力对工程影响的分析，提出进行地应力观测建议；

4　对需爆破的地段，分析其可能产生的影响及范围，提出防治措施的建议。

4.5.22　盾构法施工评价应包括下列内容：

1　根据岩土层的特点和岩土物理力学性质，对盾构法施工适宜性进行评价；

2　指出复杂地层及河流、湖泊等地表水体对盾构施工的影响；

3　分析盾构施工可能造成的沉降和土体位移等地面变形，分析地面变形对周边环境和邻近建（构）筑物的影响，提出防治措施和施工监测建议。

9.2.2　问题解析

岩土工程评价是勘察成果的核心内容。体现了勘察单位的综合技术水平。基本要求是全面且有针对性，结论应合理、可靠。

【解析】具体体现在如下几个方面：

（1）未对地下出入口、坡道地基持力层和地基均匀性进行评价。对于坡道口等应评价地基均匀性，对不均匀地基应提出处理措施建议。

（2）建议的桩基、地基处理、基坑支护、降水方案、抗浮措施等，未提供设计时土的有关参数。

（3）未提供场地稳定性、适宜性的明确评价结论。

（4）地基均匀性没有明确评价结论，未分楼座或分段评价。

（5）针对高填方路段、挡土墙地基，未根据地层组合提出综合地基承载力。对建议杂填土挖除换填时，未提出换填后的地基承载力并建议进行下卧层验算。宜根据最终规划设计方案，分别提供各段挡墙的地基方案及相关措施建议。

9.3 天然地基

9.3.1 标准要求

《北京地区建筑地基基础勘察设计规范》DBJ 11—501—2009（2016年版）

7.1.2 天然地基的勘察与评价应包括下列工作：

1 根据地基与建筑条件，提供地基承载力的建议值；对需要进行地基变形计算和地基稳定性验算的建筑物，应进行地基变形和稳定性的分析评价；

2 当地基的不均匀性或上部结构荷载的差异较大时，应分析地基不均匀沉降对地基基础和上部结构的影响，并提出地基基础方案与建议；

3 对地基基础设计、施工和使用期间可能遇到的岩土工程问题应进行分析预测，并提出预防措施与建议；

4 评价场地和地基土的地震工程特性，包括场地地段划分、场地类别、土的液化、场地的地震稳定性。

5 评价建筑物的抗浮稳定性。

《房屋建筑和市政基础设施工程勘察文件编制深度规定》（2020年版）

4.5.7 天然地基评价应包括下列内容：

1 采用天然地基的可行性；

2 地基均匀性评价；

3 提出天然地基持力层的建议；

4 提供地基承载力，挡土墙应提供基底摩擦系数；

5 存在软弱下卧层时，提供验算软弱下卧层计算参数；

6 需进行地基变形计算时，提供变形计算参数。

9.3.2　问题解析

1. 未考虑大面积回填对工程影响。

【解析】场地现状地面标高普遍低于±0.00标高，需进行回填，未建议考虑回填增加的附加荷载对基础的不利影响。

2. 回弹模量提供不全面。

【解析】道路工程回弹模量仅考虑次干路欠妥，未考虑主干路的回弹模量要求。

3. 路基土干湿类型评价错误。

【解析】路基土（路床顶面以下80cm左右）大部分为人工素填土，其建议的土的干湿类型应以试验获取的平均稠度为依据。

4. 地下室出入口及坡道岩土工程分析评价不全面。

【解析】涉及地下室出入口及坡道，未评价该处天然地基均匀性，如不均匀，应提出相应的处理措施建议。

5. 未进行天然地基评价或内容不全。

【解析】天然地基分析评价是指工程天然地基的状态下对地基进行的评价。主要包括采用天然地基可行性、提供天然地基状态下地层承载力、评价地基均匀性。应根据拟建建（构）筑物的基础形式、荷载大小等设计条件提出合理的基础持力层建议。

确定地层承载力的方法很多，应根据工程特点综合确定。

确定地基承载力时，应根据岩土工程条件选择适宜的原位测试和室内试验方法，结合理论计算、设计需要和工程经验进行综合评价。必要时，应通过现场静载荷试验确定，浅层平板载荷试验、深层平板载荷试验应根据基底埋深及地基基础受力性状进行选择。特殊土的地基承载力评价应根据特殊土的相关规范和地区经验进行。

9.4　桩　基　础

9.4.1　标准要求

《岩土工程勘察规范》GB 50021—2001（2009年版）

4.9.1　桩基岩土工程勘察应包括下列内容：

1　查明场地各层岩土的类型、深度、厚度、分布、工程特性和变化规律；

2　当采用基岩作为桩的持力层时，应查明基岩的岩性、构造、岩面变化、风化程度，确定其坚硬程度、完整程度和基本质量等级，判定有无洞穴，临空面、破碎岩体或软弱岩层；

3　查明水文地质条件，评价地下水对桩基设计和施工的影响，判定水质对建筑材料的腐蚀性；

4　查明不良地质作用，可液化土层和特殊性岩土的分布及其对桩基的危害程度，并提出防治措施的建议；

5　评价成桩可能性，论证桩的施工条件及其对环境的影响。

4.9.7 对需要进行沉降计算的桩基工程，应提供计算所需的各层岩土的变形参数，并宜根据任务要求，进行沉降估算。

《房屋建筑和市政基础设施工程勘察文件编制深度规定》(2020年版)

4.5.8 桩基础评价应包括下列内容：

1 分析桩基必要性；

2 提出可选的桩基类型和施工方法、建议桩端持力层；

3 提供桩基设计及施工所需的岩土参数；

4 对存在欠固结土及有大面积堆载、回填土、自重湿陷性黄土的项目，分析桩侧产生负摩阻力的可能性及其影响；

5 对挡土墙下等承受水平力的桩基础，应提供地基土水平抗力系数的比例系数；

6 评价成桩可能产生的风险以及桩基施工对环境影响，提出设计、施工应注意的问题；

7 提出桩基础检测建议。

9.4.2 问题解析

1. 提供的端阻力值偏高，未根据实际桩长确定。

2. 未明确桩基、抗拔桩设计参数取值依据的技术标准。

3. 建议抗拔桩，未提供桩侧阻力、抗拔系数等。

4. 未提出桩端进入持力层的相关措施及建议。

建议考虑负摩阻力，应提供负摩阻力系数（包括人工填土、新近沉积层）。跨河桥应进行抗冲刷分析，提供冲刷深度建议值，应建议考虑渠（河）水对桥基础冲刷的不利影响。应根据最终的设计参数验算建议的桩端持力层是否满足单桩承载力设计要求。

5. 提供桩的设计参数时未明确依据的技术标准、工艺条件（如干作业成孔、泥浆护壁成孔）、桩长、承载力的性质（极限值、标准值、特征值）等。

6. 基础桩、抗拔桩未评价成桩可能性（风险）。

在建议桩基础设计时，要充分考虑场地环境和地质条件，分析成桩可能性（风险），提出施工注意事项等。护坡桩不在此列。

桩基类型选择应根据当地设计施工经验，结合工期、施工条件、机械设备、经济合理性等因素综合确定。不同类型的桩基应提供相对应的岩土设计参数和桩端持力层建议，桩端持力层建议应注意钻孔深度是否满足桩基变形计算深度要求、软弱下卧层验算要求。

7. 勘察报告中容易忽略的3个强制性条款：一是评价地下水对桩基设计和施工的影响；二是当桩体经过多层地下水时，应分层取样并明确其对桩体材料腐蚀性分析评价结论；三是评价成桩可能性（风险），论证桩的施工条件及其对环境的影响（挤压、振动、环境污染等）。

9.5 地基处理

9.5.1 标准要求

《岩土工程勘察规范》GB 50021—2001（2009年版）

4.10.1 地基处理的岩土工程勘察应满足下列要求：

1 针对可能采用的地基处理方案，提供地基处理设计和施工所需的岩土特性参数；

2 预测所选地基处理方法对环境和邻近建筑物的影响；

3 提出地基处理方案的建议；

4 当场地条件复杂且缺乏成功经验时，应在施工现场对拟选方案进行试验或对比试验，检验方案的设计参数和处理效果；

5 在地基处理施工期间，应进行施工质量和施工对周围环境和邻近工程设施影响的检测。

《房屋建筑和市政基础设施工程勘察文件编制深度规定》（2020年版）

4.5.9 地基处理评价应包括下列内容：

1 地基处理的必要性、处理方法的适宜性；

2 提出地基处理方法、范围建议，提供地基处理设计和施工所需的岩土参数；

3 评价桩土复合地基成桩可能产生的风险；

4 评价地基处理对环境的影响；

5 提出地基处理设计施工应注意的问题和检测的建议。

9.5.2 问题解析

1. 岩土参数缺失。

【解析】与地基处理设计有关土层的岩土参数缺失。包括复合桩的设计参数、桩端持力层建议，土层的变形参数等。

2. 地基处理方案建议不合理。

【解析】地基处理方案的选择，应根据当地施工经验，结合预期处理效果、耗用材料、施工机械、工期要求和对环境的影响等方面进行技术经济分析和对比，选择最佳的地基处理方法。地基处理方法较多，对勘察工作和评价也不相同。总的要求是要考虑选用方案的适宜性和可行性，并根据建议的地基处理方法开展勘察工作，进行评价。

采用新工艺、新方法，或场地条件复杂时，建议在场地有代表性的区域进行相应的现场试验或试验性施工，并进行必要的测试，以检验设计参数和处理效果。

《高层建筑岩土工程勘察标准》JGJ/T 72—2017 规定：对深厚软土地基，不宜采用散体材料（桩）增强体；当地基承载力或变形不能满足设计要求时，宜优先考虑采用刚性或半刚性桩；当以消除建筑场地液化为主要目的时，宜优先选用砂石挤密桩；以消除地基土湿陷性为主要目的时，宜优先选用灰土挤密桩。《建筑地基处理技术规范》JGJ 79—2012也有相关规定。

3. 术语不规范。

【解析】路基回填指标采用“压实度”，地基处理换填土指标采用“压实系数”。

9.6 基坑工程与地下水控制

9.6.1 标准要求

《岩土工程勘察规范》GB 50021—2001（2009年版）

> **4.8.11** 岩土工程勘察报告中与基坑工程有关的部分应包括下列内容：
>
> **1** 与基坑开挖有关的场地条件、土质条件和工程条件；
>
> **2** 提出处理方式、计算参数和支护结构选型的建议；
>
> **3** 提出地下水控制方法、计算参数和施工控制的建议；
>
> **4** 提出施工方法和施工中可能遇到的问题的防治措施的建议；
>
> **5** 对施工阶段的环境保护和监测工作的建议。

《北京地区建筑地基基础勘察设计规范》DBJ 11—501—2009（2016年版）

> **5.5.1** 地基勘察应评价地下水对基坑工程及其周边环境的影响，并根据基坑深度、基坑支护方法、含水层岩性和地层组合关系、地下水资源和环境要求，建议适宜的地下水控制方法。

《房屋建筑和市政基础设施工程勘察文件编制深度规定》（2020年版）

> 4.5.10 基坑工程评价应包括下列内容：
>
> 1 说明基坑周围岩土条件、周围环境概况，分析基坑施工与周围环境的相互影响；
>
> 2 提供岩土的重度和抗剪强度指标，并说明抗剪强度的试验方法，提供锚固体与地层摩阻力等岩土参数；
>
> 3 提出基坑开挖与支护方法的建议；
>
> 4 当基坑开挖需进行地下水控制时，应提出地下水控制所需水文地质参数及防治措施建议；
>
> 5 评价地质条件可能造成的工程风险和基坑安全等级；
>
> 6 提出施工阶段的环境保护和监测工作建议。

9.6.2 问题解析

1. 基坑周边环境及风险

【解析】(1) 缺少基坑工程与周边已有建筑、道路、地下管线等关系叙述，未评价基坑与周边环境的相互影响及风险提示。

基坑工程与周围环境（如地铁、暗挖地下管廊（沟）、管线、已有建（构）筑物等）的相互影响，一是基坑开挖和降水会影响周边已有建（构）筑物、管线、管廊等地基变形；二是周边已有建（构）筑物、运营中的铁路等对基坑工程支护体系应力应变的影响，基坑变形引起周边上下水管线破裂，会进一步导致基坑变形破坏等。因此，要查明周边已有工程环境条件，评价基坑工程与周边环境的相互影响。例如南宁某深基坑变形坍塌事故原因确定为基坑支护变形和水管爆裂，如图 9.6.1～图 9.6.5 所示。

图 9.6.1　深基坑支护变形时地面开裂失稳

图 9.6.2　地面开裂

图 9.6.3　水管爆裂

图 9.6.4　锚杆失效、支护变形

图 9.6.5　深基坑支护倒塌失效

（2）未根据项目周边环境影响因素，结合基坑侧壁土质条件，评价基坑施工存在的工程风险因素。

2. 基坑支护方案与设计参数建议

【解析】（1）未提出具体基坑支护方案建议，或提出了具体基坑支护方案，但提供的土层设计参数与基坑设计方案建议不一致，如提出土钉墙支护方案，土层参数却给了锚杆设计参数。

（2）未提供相应土层的设计参数及依据，或提供土层的设计参数不全。

【解析】提供土层的设计参数不全，提供了有关主要土层设计参数，却忽略了亚层、填土层设计参数；只提供了基坑底部以上土层的抗剪强度指标，未提供基坑底部以下一定深度土层的抗剪强度指标，满足不了基坑稳定性验算要求。

（3）缺少设计所需岩土参数或未明确取值所依据的技术标准。

【解析】土钉、锚杆未分别提供设计参数，未说明提供的依据。

（4）未提出地下水控制措施或未提供相关设计参数。

【解析】对需要采取地下水控制的基坑工程，未提出地下水控制措施（如采取截堵、明排、降水等）建议；虽然建议地下水控制措施，未提供相关地层的渗透系数。

3. 基坑安全等级及监测

【解析】（1）未提供深基坑工程的安全等级。

根据《北京市房屋建筑和市政基础设施工程危险性较大的分部分项工程安全管理实施细则》附件2规定，以下基坑工程为危险性较大的分部分项工程范围：1）开挖深度超过3m（含3m）的基坑（槽）的土方开挖、支护、降水工程。2）开挖深度虽未超过3m，但地质条件和（或）周边环境条件复杂的基坑（槽）（符合《建筑基坑支护技术规程》DB 11/489基坑侧壁安全等级一、二级判断标准）的土方开挖、支护、降水工程。

符合上述条件的基坑工程，应根据《房屋建筑和市政基础设施工程勘察文件编制深度规定》（2020年版）第4.5.10条规定要求，提供基坑工程的安全等级和施工阶段的监测工作建议。

（2）未提出施工阶段的环境保护和监测工作建议。

基坑监测内容包括但不限于：

① 挡土支护体系、基坑内外土体位移监测；

② 周边环境变形（临近地面、道路）监测；

③ 地下水位监测；

④ 建筑物施工阶段的沉降/倾斜观测。

9.7 结论和建议

9.7.1 标准要求

《房屋建筑和市政基础设施工程勘察文件编制深度规定》（2020年版）

4.6.1 结论与建议应有明确的针对性，并包括下列内容：

1 岩土工程评价的重要结论；
2 工程设计施工应注意的问题；
3 工程施工对环境的影响及防治措施的建议；
4 其他相关问题及处置建议。
4.6.2 岩土工程评价的重要结论应包括下列内容：
1 场地稳定性评价；
2 场地适宜性评价；
3 场地地震效应评价；
4 土和水对建筑材料的腐蚀性；
5 地基基础方案的建议；
6 季节性冻土地区应提供标准冻结深度；
7 其他重要结论。
4.6.3 对尚不具备现场勘察条件的勘探点，应明确下一步的工作要求，提出完成工作的条件。对确实无法满足工作条件的勘探点，应提出解决问题的方法和建议。
4.6.4 对钻孔无法实施、地质条件复杂的地段应提出施工勘察、超前地质预报的建议或专项勘察的建议。

9.7.2 问题解析

1. 勘察报告的全面性和正确性。

【解析】主要体现在如下几个方面：

（1）勘察报告是设计的法定依据之一，因此勘察报告应满足设计要求。设计所需岩土（水）的参数应予提供，并应充分，应能满足设计要求，涉及两个方面，即建议采用方案以及可能采用方案。比如，建议采用挤密碎石桩复合地基方案，但也可能采用CFG复合地基方案，如果未提供CFG桩设计所需岩土参数就应视为不全面、不充分；

（2）由于岩土工程的复杂性，很难做到相关结论的准确性，但应确保其正确性，即不能存在方向性错误，这是基本要求，或者说是底线要求；

（3）在重视勘察报告的全面性和正确性的同时，也应注意界线问题，没有确凿依据和试验、测试数据的，不能随意下结论。

2. 勘察数据的时效性。

【解析】主要体现在如下几个方面：

（1）有些勘察数据具有时效性，典型的如地下水位、水土污染性（腐蚀性）评价结论可能随着时间推移和环境工程地质条件变化（如周边工程建设）而变化，甚至活动断裂、滑坡、泥石流、大面积地面沉降等不良地质作用的分析评价结论也会因时间推移和气象、水文、人类活动的变化而变化。关于这些影响因素，应在勘察报告中予以说明或强调；

（2）有必要在勘察报告中说明，岩土工程勘察报告所提供的岩土、水（地下水、地表水）试验、测试结果以及岩土工程分析评价、结论建议均是基于勘察时的场地条件（拟建场地工程地质水文地质条件、周边环境条件）、设计条件（地上及地下层数、结构类型、基础形式、基础埋深）、工程建设与周边环境的相互作用及合同条件，当前述条件发生变化时，均可能导致勘察报告所提供的岩土、水（地下水、地表水）试验、测试结果以及岩土工程分析评价、结论建议整体或部分不一定再继续适用。提示使用方应注意此类风险，根据条件变化对工程的影响程度，评估原勘察报告的持续适宜性，必要时应进行专家论证或进行补充勘察；

（3）岩土工程勘察报告的时效性问题，既可能引发工程质量安全风险，也可能引发合同双方的纠纷，对这种情况进行相关说明、提示是非常必要的。

3. 未提供路基回弹模量。

【解析】未根据《城市道路路基设计规范》CJJ 194—2013 划分路基的干湿类型，未提供路基回弹模量。

4. 肥槽回填要求不全面。

【解析】未提出肥槽回填材料（材料类型、渗透性）、压实质量要求。

5. 未提出验槽要求。

【解析】报告未提出会同有关单位共同验槽的建议。

6. 未建议必要时作补充勘察、施工阶段勘察。

【解析】部分地段钻孔间距偏大、部分管线未布置钻孔，未提出补救措施。应建议加强验槽工作，必要时作补充勘察、施工阶段勘察。

10 图　表

10.1 图表基本要求

10.1.1 标准要求

《房屋建筑和市政基础设施工程勘察文件编制深度规定》(2020年版)

5.1.1 本规定所指图表是指勘察报告中与文字部分相对独立的图表。
5.1.2 勘察报告图表应有图表名称、项目名称，图件应有图例、比例尺，平面图应有方向标。
5.1.3 室内试验和原位测试成果，均应按有关标准进行记录、绘制各种曲线。

《岩土工程勘察规范》GB 50021—2001（2009年版）

14.3.5 成果报告应附下列图件：

1 勘探点平面布置图；
2 工程地质柱状图；
3 工程地质剖面图；
4 原位测试成果图表；
5 室内试验成果图表。

注：当需要时，尚可附综合工程地质图、综合地质柱状图、地下水等水位线图、素描、照片、综合分析图表以及岩土利用、整治和改造方案的有关图表、岩土工程计算简图及计算成果图表等。

《北京市岩土工程勘察文件编制导则》

3.1.12 勘察报告应包括下列图表：

1 勘探点平面布置图；
2 工程地质剖面图；
3 原位测试（不包括动力触探）成果图表；
4 土工试验成果报告；
5 物理力学性质指标统计表；
6 建设工程勘察现场工作量登记表；
7 土工试验登记表。

10.1.2 问题解析

1. 坐标和高程系统不明确。

【解析】放线定位条件不够，基准点不应少于2个，须明确坐标和高程系统。

2. 签章、签字不符合要求。

【解析】签章、签字不全。签章、签字应齐全，这是法律法规、深度规定的基本要求。

3. 建设工程勘察现场工作量登记表未按规定签章。

【解析】建设工程勘察现场工作量登记表未见项目负责人注册土木工程师（岩土）印章和劳务单位印章。

4. 勘察报告存在文字与图表信息不一致。

【解析】勘探点平面位置图、工程地质剖面图、原位测试成果图表（如波速测试）、室内试验成果图表、物理力学试验指标统计表是勘察报告的基本要求，北京市还要求提供建设工程勘察现场工作量登记表。其他图表根据实际情况提供。

5. 图表信息不全。

【解析】勘探点平面位置图缺少方向标、比例尺、图例、剖面线等信息。

10.2 图表内容要求

10.2.1 标准要求

《房屋建筑和市政基础设施工程勘察文件编制深度规定》(2020年版)

5.2.1 拟建工程位置图或位置示意图应符合下列要求：

1 拟建工程位置应以醒目的图例表示；

2 城镇中的拟建工程应标出邻近街道和特征性的地物名称；

3 城镇以外的拟建工程应标出邻近村镇、山岭、水系及其他重要地物的名称。

5.2.2 勘探点平面位置图应包括下列内容：

1 拟建工程的轮廓线及其与红线或已有建筑物的关系、层数（或高度）及其名称、编号、拟定的场地整平标高，当勘察场地地形起伏较大时，应有地形等高线；

2 已有建筑物的轮廓线、层数（或高度）及其名称；

3 勘探点及原位测试点的位置、类型、编号、孔（井）口标高等要素；

4 剖面线的位置和编号；

5 方向标、比例尺等。

5.2.3 市政工程勘探点平面位置图应包括下列内容：

1 道路工程、管道工程、堤岸工程应附有地形地物的道路走向和里程桩号的初步设计带状平面图；

2 桥涵工程应附有场地地形地物。

5.2.4 城市轨道交通勘探点平面位置图应包括地形、地物、线路及里程、站位和隧道位置及结构轮廓线等要素。

5.2.5　地面起伏或占地面积较大的工程，勘探点平面位置图应以相同比例尺的地形图为底图。

5.2.6　工程地质剖面图应根据具体条件合理布置，主要应包括下列内容：

1　勘探孔（井）的位置、编号、地面高程、勘探深度、勘探孔（井）间距；

2　岩土分层、编号、分层界线；

3　实测或推测的岩石分层、岩性分界、断层、不整合面的位置和裸露岩石的产状；

4　溶洞、土洞、塌陷、滑坡、地裂缝、古河道、埋藏的湖浜、古井、防空洞、孤石及其他埋藏物；

5　地下水稳定水位高程（或埋深）；

6　取样位置、类型或等级；

7　静力触探曲线、圆锥动力触探曲线或随深度的试验值；

8　标准贯入等原位测试的位置、测试值；

9　标尺；

10　地形起伏较大或设计条件明确时，标明拟建工程的基底位置和场地整平标高。

5.2.7　市政工程纵向剖面图（工程地质剖面图）应包括下列内容：

1　线路及里程等要素；

2　拟定的路基设计标高及挖填方位置；

3　拟定的管道工程的设计管道顶底标高。

5.2.8　城市轨道交通工程工程地质剖面图、工程地质纵断面图应包括车站和隧道位置、线路里程、车站的站中里程、区间两端站名、顶底标高及结构轮廓线等。

5.2.9　钻孔（探井）柱状图应包括下列内容：

1　钻孔（探井）编号、直径、深度、勘探日期和孔（井）口标高等；

2　地层编号、年代和成因，层底深度、标高、层厚，柱状图，取样及原位测试位置，岩土描述、地下水位、测试成果，岩芯采取率或岩石质量指标 RQD（对于岩石）等；

3　孔（井）位置坐标。

5.3.1　载荷试验成果图表应包括下列内容：

1　试验编号、地面标高、岩土名称、岩土性质指标、地下水位深度、试验深度、压板形式和尺寸、加荷方式、稳定标准、观测仪器及其标定情况、试验开始及完成日期；

2　试验点平面及剖面示意图、压力与沉降关系曲线、沉降与时间关系曲线；

3　累计沉降、沉降增量、比例界限压力、变形模量、承载力特征值、极限荷载压力。

5.3.2　单桩静力载荷试验成果图表应包括下列内容：

1　试桩编号、试验安装示意图、试桩及锚桩配筋图、地面标高、桩的类型、受力方式（竖向或水平等）、混凝土强度等级、桩身尺寸、桩身长度及入土深度、加荷方式、混凝土浇筑或打（压）桩日期、试验日期、试桩过程中的异常情况；

2　桩周及桩端岩土性质指标；

3　加荷次序、分级荷载、本级沉降、累计沉降、本级历时、累计历时、直线段荷载、极限荷载；

4 荷载和沉降（水平位移）关系曲线、沉降与时间关系曲线，单桩水平静力载荷试验应绘制荷载与位移增量关系曲线。

5.3.3 静力触探成果图表应包括下列内容：

1 孔号、地面标高、仪器型号、探头尺寸、率定系数、记录方式、试验日期；

2 深度与贯入阻力关系曲线，对于单桥静力触探横坐标为比贯入阻力，对双桥静力触探横坐标为锥尖阻力、侧摩阻力和摩阻比，对三桥探头横坐标为锥尖阻力、侧摩阻力、摩阻比和贯入时的孔隙水压力。

5.3.4 圆锥动力触探成果图表应包括下列内容：

1 孔号、地面高程、动力触探型号、记录方式、试验日期；

2 深度与锤击数关系曲线（连续进行动力触探试验时）。

5.3.5 十字板剪切试验成果图表应包括下列内容：

1 孔号、地面高程、试验深度、土名及特征、地下水位、板头尺寸、板头常数、率定系数、仪器型号、量测方式、试验日期；

2 测试数据、原状土十字板抗剪强度、重塑土十字板抗剪强度与深度关系曲线、灵敏度等。

5.3.6 旁压试验成果图表应包括下列内容：

1 孔号、地面标高、试验深度、土名及特征、地下水位、仪器型号与类型（自钻式或预钻式）、试验日期；

2 旁压试验曲线图、测试数据（各级压力与对应的体积或半径增量）以及由其确定的初始压力、临塑压力、极限压力、旁压模量等。

5.3.7 扁铲侧胀试验成果图表应包括下列内容：

1 孔号、地面高程、土名及特征、地下水位、仪器型号、率定系数、试验日期；

2 各测试深度加压至0.05mm、1.10mm及减压至0.05mm的压力值；

3 侧胀模量、侧胀水平应力指数、侧胀土性指数、侧胀孔压指数与深度的关系曲线。

5.3.8 现场直接剪切试验成果图表应包括下列内容：

1 试验编号、地面高程、试验深度、岩土名称、岩体软弱面性质、地下水位、试体尺寸、剪切面积、加荷方式、量测仪器型号和方式、试验日期；

2 测试数据、剪切应力与剪切位移曲线、剪切力与垂直位移曲线，确定比例强度、屈服强度、峰值强度、剪胀强度、残余强度等；

3 法向应力与比例强度、屈服强度、峰值强度、残余强度关系曲线，确定相应强度参数。

5.3.9 基床系数试验成果图表应包括下列内容：

1 试验编号、地面高程、岩土名称、岩土性质指标、地下水位深度、试验深度、压板尺寸、加荷方式、稳定标准、观测仪器、试验开始及完成日期；

2 试验点平面及剖面示意图、压力与沉降关系曲线、沉降与时间关系曲线；

3 比例界限压力、地基土基床系数。

5.3.10 波速测试成果图表应包括下列内容：

1　试验孔号、地面高程、地层、地下水位、测试方法（单孔法、跨孔法或面波法）、测试仪器型号、试验日期；

2　测试数据（距离、深度）；

3　波速与深度关系曲线；

4　跨孔法应有剖面示意图。

5.3.11　抽水试验成果图表应包括下列内容：

1　试验编号、地面标高、试验日期、稳定水位、抽水孔结构及地层剖面、水位降深、涌水量、水位恢复曲线、渗透系数及其计算公式；

2　涌水量与时间、水位降与时间关系曲线、涌水量与水位降关系曲线、单位涌水量与水位降关系曲线等；

3　多孔抽水试验成果图表应包括多孔抽水孔平面关系示意图、带有抽降水位线的剖面图、观测孔的水位降深等内容。

5.3.12　压水试验成果图表应包括下列内容：

1　试验编号、地面高程、试验日期、地下水位、试验设备型号及尺寸，栓塞类型、试验段长度及地层；

2　栓塞安装示意图及主要试验参数；

3　压力与流量关系曲线、曲线类型、试段透水率、渗透系数等。

5.3.13　注水（渗水）试验成果图表应包括下列内容：

1　试验编号、地面高程、试验位置、试验孔或试坑尺寸、试验设备型号及尺寸、试验方法、地层剖面、试验日期；

2　（常水头试验时）注水量与时间、水位恢复曲线、渗透系数、渗透系数计算公式等；

3　（变水头试验时）水头比与时间关系曲线、滞后时间、渗透系数、渗透系数计算公式等。

5.4.1　土工试验成果汇总表应明确土的分类、定名依据，并应包括下列内容：

1　孔（井）及土样编号、取样深度、土的名称；

2　试验栏目：颗粒级配百分数、天然含水率、天然密度、相对密度、饱和度、天然孔隙比、液限、塑限、塑性指数、液性指数、压缩系数、压缩模量、黏聚力、内摩擦角、有机质含量等；

3　栏目的指标应标明指标名称及符号、计量单位，界限含水量应注明测定方法，压缩系数及压缩模量应注明压力段范围，抗剪强度指标应注明试验方法和排水条件。

5.4.2　固结试验图表应包括下列内容：

1　不同压力下的孔隙比；

2　e-p 曲线图；

3　文字说明。

如固结试验不提供成果图表，则应在土工试验成果汇总表中提供不同压力下的孔隙比或提供不同压力下的压缩模量，需考虑回弹变形时，应提供相关参数。

5.4.3　固结试验成果图表应包括下列内容：

1　不同压力下的孔隙比；

2 e-lg$p$ 曲线图；

3 确定的先期固结压力、压缩指数和回弹指数及文字说明。

5.4.4 剪切试验应说明试验方法（三轴或直剪）、固结条件、排水条件，并应包括下列内容：

1 直剪试验应提供抗剪强度与垂直压力关系曲线图表或不同垂直压力下的抗剪强度；

2 三轴试验应提供主应力差和轴向应变关系曲线、摩尔圆和强度包线图。

5.4.5 击实试验应提供干密度和含水量关系曲线，标明最大干密度和最优含水量，注明试验类型，并应包括下列内容：

1 试验类型应与试验方法规定的土类和粒径相一致；

2 干密度和含水量（率）关系曲线应绘制于直角坐标系中，取曲线峰值点相应的纵坐标为击实试样的最大干密度，相应的横坐标为击实试样的最优含水量；当关系曲线不能绘出峰值点时，应进行补点；

3 轻型击实试验中，当试样中粒径大于5mm的土质量小于或等于试样总质量的30%时，应对最大干密度和最优含水量进行校正。

5.4.6 室内岩石试验图表应注明试件编号、岩石名称、取样地点、试件尺寸，提供岩石的天然密度、吸水率、饱和吸水率等。单轴抗压强度试验和三轴压缩强度试验应包括下列内容：

1 岩石单轴抗压强度试验应提供单轴抗压强度值，对各向异性明显的岩石应提供平行和垂直层理面的强度；

2 岩石单轴压缩变形试验应提供岩石的弹性模量和泊松比；

3 岩石三轴压缩强度试验应提供不同围压下的主应力差与轴向应变关系、摩尔圆和抗剪强度包络线、强度参数 c、φ 值。

5.4.7 水和土的腐蚀性分析项目和方法应符合现行《岩土工程勘察规范》GB 50021的要求，成果应包括下列内容：

1 钻孔（探井）编号、水（土）样编号；

2 取样时间、取样深度；

3 土的名称；

4 试验时间、试验方法；

5 各项试验结果。

《北京市岩土工程勘察文件编制导则》

3.1.24 建设工程勘察现场工作量登记表应包括下列内容：

1 完成钻孔编号、孔深、取样、原位测试数量、钻探起讫时间；

2 完成钻孔司钻员和描述员姓名打印及签字、证书编号；

3 勘察单位项目负责人签字及注册土木工程师（岩土）印章；

4 钻探劳务单位印章；

5 建设工程勘察现场工作量登记表应按附录C执行。

10.2.2　问题解析

缺失相关信息，或未按规定表述或标注必要的信息，或表述或标注的信息不全面、不正确，或前后不一致等，不便于进行岩土工程分析评价。

【解析】具体体现在如下几个方面：

1. 如液化判别表中10号孔的10.0m深处标贯点对应锤击数11，在剖面图上未见。

2. 道路工程平面图未见起点、止点、拐点坐标。缺少道路中线及其里程桩号。缺少填土坑的范围。

3. 剖面图：无取土样位置深度图例标识；未标注里程桩号；未见管底标高线。

4. 平面图、剖面图等图表之间相关数据不一致；与报告文字部分不一致。

5. 市政工程管线起止位置、顶底标高缺失的。桥梁工程的平面图应有各桥位名称、里程桩号和桥中点坐标；剖面图应有河道地形和桥位名称。

6. 未见楼角坐标、建筑高度、±0.00标高等；各建（构）筑物的名称性质与总平面布置图不完全一致。须与最终规划批复的设计方案复核一致，如不一致须确认是否需要补充勘察工作。

7. 建筑退线、建筑物轮廓线、地下轮廓线图例与图面标示不一致，且不清晰。

8. 剖面图比例尺错误，需分垂直和水平比例尺。需有钻孔间距数。

9. 剖面图：无取土样、标贯或动探等位置深度图例标识。

10. 如第一层地下水类型为层间潜水，剖面图显示多处水头高于含水层细砂④层顶板。

11. 如10号钻孔和16号钻孔均有取土样，但《勘探点平面位置图》和《勘探点一览表》中均标为鉴别孔。

12. 平面图：结构轮廓线不清晰。

应核实与规划设计图一致后绘制清晰；标注拟建物角点坐标、名称、尺寸及主体车站位置等。

13. 平面图无指北针和未标注地下车库轮廓线。

缺少建筑物角坐标。门卫室无轮廓线及设计条件标注。无地下车库分界线及标注。剖面图：垂直比例尺偏小。

下 篇

地基处理设计篇

11 基本规定

11.1 任务要求

11.1.1 标准要求

《建筑地基处理技术规范》JGJ 79—2012

3.0.1 在选择地基处理方案前，应完成下列工作：

1 搜集详细的岩土工程勘察资料、上部结构及基础设计资料等；

2 结合工程情况，了解当地地基处理经验和施工条件，对于有特殊要求的工程，尚应了解其他地区相似场地上同类工程的地基处理经验和使用情况等；

3 根据工程的要求和采用天然地基存在的主要问题，确定地基处理的目的和处理后要求达到的各项技术经济指标等；

4 调查邻近建筑、地下工程、周边道路及有关管线等情况；

5 了解施工场地的周边环境情况。

3.0.2 在选择地基处理方案时，应考虑上部结构、基础和地基的共同作用，进行多种方案的技术经济比较，选用地基处理或加强上部结构与地基处理相结合的方案。

3.0.3 地基处理方法的确定宜按下列步骤进行：

1 根据结构类型、荷载大小及使用要求，结合地形地貌、地层结构、土质条件、地下水特征、环境情况和对邻近建筑的影响等因素进行综合分析，初步选出几种可供考虑的地基处理方案，包括选择两种或多种地基处理措施组成的综合处理方案；

2 对初步选出的各种地基处理方案，分别从加固原理、适用范围、预期处理效果、耗用材料、施工机械、工期要求和对环境的影响等方面进行技术经济分析和对比，选择最佳的地基处理方法；

3 对已选定的地基处理方法，应按建筑物地基基础设计等级和场地复杂程度以及该种地基处理方法在本地区使用的成熟程度，在场地有代表性的区域进行相应的现场试验或试验性施工，并进行必要的测试，以检验设计参数和处理效果。如达不到设计要求时，应查明原因，修改设计参数或调整地基处理方案。

《地基处理工程设计文件技术审查要点》

主体结构设计单位应提供以下资料： **1** 建筑总平面图（建筑物定位坐标、室内地坪±0.00标高）； **2** 基础平面图、剖面图（基底标高、地基承载力要求、地基稳定性要求、液化处理要求、地基变形控制指标等）； **3** 荷载分布图/文字（基底处准永久荷载组合）。 建设单位应提供以下资料： **1** 地形图、地下管线图、其他周围环境资料（周围既有建（构）筑物、地下管线等环境因素类型、形态以及与拟建工程位置关系等）； **2** 经施工图审查通过的岩土工程勘察报告； **3** 地基处理设计任务委托书。

11.1.2 问题解析

1. 建设单位或主体结构设计单位提供的设计要求不明确、不齐全或不一致。

【解析】 当天然地基稳定性、承载力或变形等不能满足上部结构设计要求，或需要采取消除液化沉陷的地基处理措施时，由建设单位依据主体结构设计单位提出的地基处理设计要求，委托具有相应地基处理设计资质等级的单位进行地基处理设计。建设单位设计任务委托书可仅进行任务委托，具体要求按主体结构设计单位设计条件、地基处理目标执行。任务书中如提出承载力、变形限值等具体目标时，应与主体结构设计单位要求一致。

当基底以下存在液化土层时，主体结构设计单位应明示是否需要采取消除液化沉陷的地基处理措施。当为丙类建筑，拟采取基础和上部结构处理的抗液化措施，对地基处理的要求为“无需考虑消除液化”时，亦应有明确说明。

2. 勘察报告中钻孔位置偏离或钻孔缺失，工作量不能满足地基处理设计要求。

【解析】 钻孔位置偏离或钻孔缺失的原因，多数是由于设计条件变更，导致拟建建筑物形状、位置与勘察报告平面图不一致，少数是勘察期间场地条件不具备遗留未钻钻孔，未及时完成。

3. 勘察报告中钻孔深度不足。

【解析】 对于地基处理项目，一般性钻孔的深度应当大于地基处理深度，控制性钻孔的深度应当满足变形计算的深度要求。

钻孔深度不足的原因，可能由于设计变更导致，当然也有为数不少的情况是由于勘察单位对于地基处理的需求把握不到位，勘察方案不尽合理造成的，例如多层建筑，按层数估算荷载，判断天然地基承载力满足，按天然地基方案确定的钻孔深度。实际由于设计基底荷载较大，需要进行地基处理，勘察钻孔深度不能满足地基处理设计的需要。图11.1.1举例说明了孔深不满足设计需要的情形。

4. 勘察报告提供参数欠缺。

【解析】 参数欠缺原因通常是一些报告未能针对地层条件和地基处理要求，分析需要提供什么样的参数，哪些地层应给参数；也有时是设计条件更改，基底土层、选用的桩端

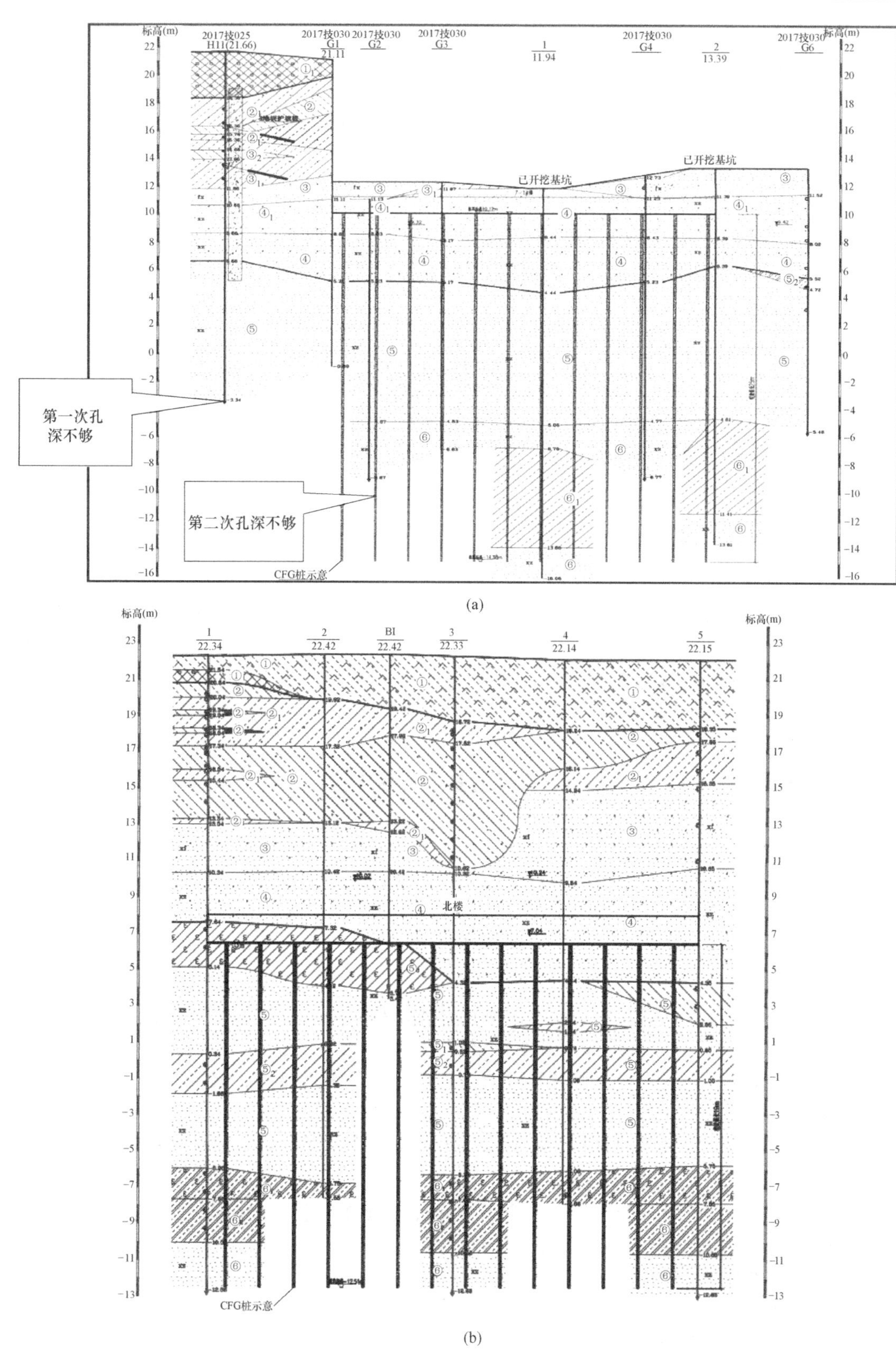

(a)

(b)

图 11.1.1　孔深不够

持力层与勘察报告建议的不一致，或地基处理设计采用的方法与勘察报告建议方法不一致等。例如比较常见的填土层缺参数，勘察报告的建议为挖除换填，故自认为无需提供参数。但实际由于开挖深度过深加大支护难度及弃土、回填量大等原因，改为对填土进行加固后利用，则需要补充该层原始状态的承载力、压缩模量、桩侧阻力等参数。另外，当桩端持力层包含夹层、持力层较薄且下卧土层相对软弱时，亦应提供夹层、下卧层的桩端阻力建议值供设计综合取值时参考。

存在上述勘察报告工作量或提供参数不能满足地基处理设计要求的问题时，需要地基处理设计单位与勘察单位沟通，由勘察单位补充资料并经审查机构审查通过后，方可作为地基处理设计的依据。

11.2 设计基本要求

11.2.1 标准要求

《地基处理工程设计文件技术审查要点》

1 强制性条文。

（1）《工程建设标准强制性条文》中有关地基处理工程设计的强制性条文必须严格执行。

（2）引用的强制性条文：

1）《建筑地基处理技术规范》JGJ 79—2012 中 3.0.5、4.4.2、5.4.2、6.2.5、6.3.2、6.3.10、6.3.13、7.1.2、7.1.3、7.3.2、7.3.6 、8.4.4、10.2.7。

2）《建筑地基检测技术规范》JGJ 340—2015 中 5.1.5。

2 强制性条文支持性条款和涉及质量安全隐患的条款。

3 地基处理设计应满足如下基本规定：

（1）地基处理设计采用工程建设标准和设计中引用的其他标准应为现行有效版本。

（2）地基处理设计所采用的天然地基承载力等地基土的物理力学指标及勘察结论应符合经审查通过的岩土工程勘察报告。

（3）地基处理设计的承载力、变形等控制指标应满足主体结构基础设计要求和相关规范标准规定要求。

（4）地基处理设计等级应与地基基础设计等级相适应。

4 地基处理设计应满足如下基本要求：

（1）地基处理除应满足工程设计要求外，尚应做到因地制宜、就地取材、保护环境和节约资源等。

（2）地基处理所采用的材料，应根据场地类别符合有关标准对耐久性设计与使用的要求。

（3）地基基础的设计使用年限不应小于建筑结构的设计使用年限。

5 地基处理设计应提交的设计成果：

（1）地基处理设计总说明；

（2）地基处理设计计算书；

（3）地基处理设计施工图。

11.2.2 问题解析

1. 采用的工程建设标准和设计中引用的其他标准已废止。

2. 地基处理设计采用的地层资料或岩土参数无依据或与经审查通过的勘察报告不一致，可能存在安全隐患。

【解析】 地基处理设计应以经审查的勘察报告为依据，应采用建筑所在位置的钻孔资料，并分别按承载力、变形计算特点选取不利钻孔进行计算。地层资料或岩土参数不满足设计需要时，应由勘察单位补充资料并经审查，不可由地基处理设计单位根据经验自行取值，以免责任不清。

3. 设计依据的条件不是最终版本，承载力、变形限值等设计目标与建设单位、主体结构设计单位要求不一致。

4. 地基处理深度范围内的土或地下水对建筑材料的腐蚀性等级为弱腐蚀或以上，未说明采取的防腐蚀措施。

5. 设计总说明、设计施工图、计算书之间存在不一致。

6. 相关数据未标注法定计量单位或标注错误；承载力标准值、特征值名称前后不一致等。

11.3 设计等级

11.3.1 标准要求

《建筑地基基础设计规范》GB 50007—2011

3.0.1 地基基础设计应根据地基复杂程度、建筑物规模和功能特征以及由于地基问题可能造成建筑物破坏或影响正常使用的程度分为三个设计等级，设计时应根据具体情况，按表3.0.1选用。

表3.0.1 地基基础设计等级

设计等级	建筑和地基类型
甲级	重要的工业与民用建筑物； 30层以上的高层建筑物； 体型复杂，层数相差超过10层的高低层连成一体建筑物； 大面积的多层地下建筑物(如地下车库、商场、运动场等)； 对地基变形有特殊要求的建筑物； 复杂地质条件下的坡上建筑物(包括高边坡)； 对原有工程影响较大的新建建筑物； 场地和地基条件复杂的一般建筑物； 位于复杂地质条件及软土地区的二层及二层以上地下室的基坑工程； 开挖深度大于15m的基坑工程； 周边环境条件复杂、环境保护要求高的基坑工程
乙级	除甲级、丙级以外的工业与民用建筑物； 除甲级、丙级以外的基坑工程
丙级	场地和地基条件简单、荷载分布均匀的七层及七层以下民用建筑及一般工业建筑，次要的轻型建筑物； 非软土地区且场地地质条件简单、基坑周边环境条件简单、环境保护要求不高且开挖深度小于5.0m的基坑工程

《北京地区建筑地基基础勘察设计规范》(DBJ 11—501—2009)(2016 年版)

3.0.1 根据地基复杂程度、建筑物规模和功能特征以及由于地基问题可能造成建筑物破坏或影响正常使用的程度，将地基基础设计分为 3 个设计等级，设计时可按表 3.0.1 选用。

表 3.0.1 地基基础设计等级

设计等级	建筑和地基类型
一级	重要的工业与民用建筑物； 30 层以上或超过 100m 的高层建筑物； 体型复杂，软弱地基或严重不均匀地基上的建筑物，建筑层数相差超过 10 层的高低层连成一体且高低层间可能产生较大沉降差的建筑物； 对地基变形有特殊要求的建筑物； 复杂地质条件下的坡上建筑物； 地基发生较大变形时可能造成较大破坏或损失的建筑物； 对周围原有工程影响较大的新建建筑物； 10 层以上一柱一桩的建筑物； 基坑开挖深度大于 20m 的建筑物
二级	除一级、三级以外的工业与民用建筑物
三级	场地地基条件简单、荷载分布均匀的多层民用建筑及一般工业建筑物 使用上非重要的轻型建筑物

11.3.2 问题解析

未明示地基处理设计等级、地基处理设计使用年限，或地基处理设计等级错误。

【解析】 地基处理设计等级、地基处理设计使用年限应遵循以下原则：

(1) 地基处理设计等级不低于地基基础设计等级。

(2) 地基基础的设计使用年限不应小于建筑结构的设计使用年限。

(3) 要注意区别地基处理设计等级、地基基础设计等级、结构安全等级三个不同概念。

(4) 地基处理设计单位资质等级不应低于所承担工程项目的地基处理设计等级。

11.4 地基处理方案选取

11.4.1 标准要求

《地基处理工程设计文件技术审查要点》

序号	审查项目	审查内容
2	方案可行性	选用的地基处理方法应符合现行规范的要求或经现场试验、专家评审后能够满足设计要求

续表

序号	审查项目	审查内容
2.1	基本规定	**《北京地区建筑地基基础勘察设计规范》DBJ 11—501—2009（2016年版）** **11.1.4**　在确定地基处理方案时，应根据场地地质条件、工程的结构类型和使用要求、施工条件和工期、环境影响、预估处理效果和造价等因素进行综合比较。必要时也可采用两种地基处理方法联合使用或同时采取加强上部结构整体性和刚度的综合处理措施。当两种地基处理方法联合使用时，不应发生效应互相减弱的现象
2.2	夯实地基	**《北京地区建筑地基基础勘察设计规范》DBJ 11—501—2009（2016年版）** **11.3.1**　强夯处理地基适用于处理碎石土、砂土、低饱和度的粉土与黏性土、新近沉积的非淤泥质土、素填土和杂填土等地基。强夯法处理深厚地基时可采取分层强夯的方法
		《建筑地基处理技术规范》JGJ 79—2012 **6.1.2**　夯实地基可分为强夯和强夯置换处理地基。强夯处理地基适用于碎石土、砂土、低饱和度的粉土与黏性土、湿陷性黄土、素填土和杂填土等地基；强夯置换适用于高饱和度的粉土与软塑～流塑的黏性土地基上对变形要求不严格的工程
2.3	夯实水泥土桩复合地基	**《北京地区建筑地基基础勘察设计规范》DBJ 11—501—2009（2016年版）** 11.4.2　夯实水泥土桩适用于处理地下水位以上的粉土、黏性土、素填土、炉灰以及新近沉积土地基，处理深度不宜超过10m
2.4	水泥粉煤灰碎石桩复合地基	**《北京地区建筑地基基础勘察设计规范》DBJ 11—501—2009（2016年版）** **11.5.2**　水泥粉煤灰碎石桩适用于处理黏性土、粉土、砂土、炉灰和已完成自重固结的素填土等地基。对淤泥质土应按工程经验或通过现场试验确定其适用性
2.5	挤密桩复合地基	**《北京地区建筑地基基础勘察设计规范》DBJ 11—501—2009（2016年版）** **11.6.2**　钻孔夯扩挤密桩适用于处理地下水位以上的黏性土、粉土、炉灰和素填土等地基，处理深度可达10m，宜通过调整桩体材料满足不同的复合地基承载力需要，所选择的桩体材料不得污染环境且有机质含量不得大于5%。 柱锤冲扩挤密桩法适用于处理黏性土、粉土、杂填土、素填土和炉灰等地基，对地下水位以下的饱和松软土层，应通过现场试验确定其适用性，地基处理深度不宜超过10m，桩身材料为散体材料时复合地基承载力标准值不宜超过180kPa。 振冲挤密桩法适用于处理砂土、粉土、粉质黏土、素填土和杂填土等地基

续表

序号	审查项目	审查内容
2.5	挤密桩 复合地基	**《建筑地基处理技术规范》JGJ 79—2012** **7.2.1** 振冲碎石桩、沉管砂石桩复合地基处理应符合下列规定： 1 适用于挤密处理松散砂土、粉土、粉质黏土、素填土、杂填土等地基，以及用于处理可液化地基。饱和黏土地基，如对变形控制不严格，可采用砂石桩置换处理。 2 对大型的、重要的或场地地层复杂的工程，以及对于处理不排水抗剪强度不小于 20kPa 的饱和黏性土和饱和黄土地基，应在施工前通过现场试验确定其适用性。 3 不加填料振冲挤密法适用于处理黏粒含量不大于 10% 的中砂、粗砂地基，在初步设计阶段宜进行现场工艺试验，确定不加填料振密的可行性，确定孔距、振密电流值、振冲水压力、振后砂层的物理力学指标等施工参数；30kW 振冲器振密深度不宜超过 7m，75kW 振冲器振密深度不宜超过 15m。 **7.5.1** 灰土挤密桩、土挤密桩复合地基处理应符合下列规定： 1 适用于处理地下水位以上的粉土、黏性土、素填土、杂填土和湿陷性黄土等地基，可处理地基的厚度宜为 3m～15m。 2 当以消除地基土的湿陷性为主要目的时，可选用土挤密桩；当以提高地基土的承载力或增强其水稳性为主要目的时，宜选用灰土挤密桩。 3 当地基土的含水量大于 24%、饱和度大于 65% 时，应通过试验确定其适用性。 4 对重要工程或在缺乏经验的地区，施工前应按设计要求，在有代表性的地段进行现场试验
2.6	水泥搅拌桩 复合地基	**《建筑地基处理技术规范》JGJ 79—2012** **7.3.1** 水泥土搅拌桩复合地基处理应符合下列规定： 1 适用于处理正常固结的淤泥、淤泥质土、素填土、黏性土（软塑、可塑）、粉土（稍密、中密）、粉细砂（松散、中密）、中粗砂（松散、稍密）、饱和黄土等土层。不适用于含大孤石或障碍物较多且不易清除的杂填土、欠固结的淤泥和淤泥质土、硬塑及坚硬的黏性土、密实的砂类土，以及地下水渗流影响成桩质量的土层。当地基土的天然含水量小于 30%（黄土含水量小于 25%）时不宜采用粉体搅拌法。冬期施工时，应考虑负温对处理地基效果的影响。 2 水泥土搅拌桩的施工工艺分为浆液搅拌法（以下简称湿法）和粉体搅拌法（以下简称干法）。可采用单轴、双轴、多轴搅拌或连续成槽搅拌形成柱状、壁状、格栅状或块状水泥土加固体。 3 对采用水泥土搅拌桩处理地基，除应按现行国家标准《岩土工程勘察规范》GB 50021 要求进行岩土工程详细勘察外，尚应查明拟处理地基土层的 pH 值、塑性指数、有机质含量、地下障碍物及软土分布情况、地下水位及其运动规律等。 4 设计前，应进行处理地基土的室内配比试验。针对现场拟处理地基土层的性质，选择合适的固化剂、外掺剂及其掺量，为设计提供不同龄期、不同配比的强度参数。对竖向承载的水泥土强度宜取 90d 龄期试块的立方体抗压强度平均值。 5 增强体的水泥掺量不应小于 12%，块状加固时水泥掺量不应小于加固天然土质量的 7%；湿法的水泥浆水灰比可取 0.5～0.6。 6 水泥土搅拌桩复合地基宜在基础和桩之间设置褥垫层，厚度可取 200mm～300mm。褥垫层材料可选用中砂、粗砂、级配砂石等，最大粒径不宜大于 20mm。褥垫层的夯填度不应大于 0.9。 **7.3.2 水泥土搅拌桩用于处理泥炭土、有机质土、pH 值小于 4 的酸性土、塑性指数大于 25 的黏土，或在腐蚀性环境中以及无工程经验的地区使用时，必须通过现场和室内试验确定其适用性**

续表

序号	审查项目	审查内容
2.7	旋喷桩复合地基	**《建筑地基处理技术规范》JGJ 79—2012** **7.4.1**　旋喷桩复合地基处理应符合下列规定： 1　适用于处理淤泥、淤泥质土、黏性土（流塑、软塑和可塑）、粉土、砂土、黄土、素填土和碎石土等地基。对土中含有较多的大直径块石、大量植物根茎和高含量的有机质，以及地下水流速较大的工程，应根据现场试验结果确定其适应性。 2　旋喷桩施工，应根据工程需要和土质条件选用单管法、双管法和三管法；旋喷桩加固体形状可分为柱状、壁状、条状或块状。 3　在制定旋喷桩方案时，应搜集邻近建筑物和周边地下埋设物等资料。 4　旋喷桩方案确定后，应结合工程情况进行现场试验，确定施工参数及工艺
2.8	多桩型复合地基	**《建筑地基处理技术规范》JGJ 79—2012** **7.9.1**　多桩型复合地基适用于处理不同深度存在相对硬层的正常固结土，或浅层存在欠固结土、湿陷性黄土、可液化土等特殊土，以及地基承载力和变形要求较高的地基
2.9	其他地基处理	其他地基处理方法应符合现行相关法规及规范的规定

11.4.2　问题解析

1. 采用的方案不可行、不适宜。

【解析】选择适宜的方案，是地基处理工程成功的基础。方案不可行既有原理性问题，也有可实施性方面的问题。原理性问题，例如采用 CFG 桩方案解决地层液化问题，是没有依据的。有些设计人员认为 CFG 桩已经穿越可液化层进入稳定地层了，并且也考虑了液化折减，却忽视了 CFG 桩复合地基与桩基础作用原理的不同。桩基础由桩承担全部荷载，桩间土仅提供侧摩阻力，按规范对液化地层进行侧摩阻力折减后，是能够满足要求。而 CFG 桩复合地基是桩、土共同承担荷载，CFG 桩施工一般采用非挤土工艺，并未消除桩间土液化，如果在地震作用下桩间土液化失去承载能力，将存在严重的安全问题。可实施性问题也事关工程成败，例如柱锤冲扩挤密桩适用于处理杂填土，但是当杂填土较厚，存在大块的建筑垃圾或较密实的卵石填土，则应注意设备的能力，如果不能穿越杂填土到达设计要求的土层，就会影响工程质量。在承压水水头较高的场地施工，采用不正确的工艺措施也容易产生桩端质量缺陷。这类问题在方案比选阶段就应当引起重视。

2. 没有经验地区或缺少参数的情况下，未要求在有代表性的场地上进行现场试验或试验性施工，以确定设计参数和处理效果。

3. 变形控制要求严格的建筑物采用了散体材料桩等不能严格控制变形的不合适处理工法。

12 设计计算

12.1 设计计算模型及公式选取

12.1.1 标准要求

《地基处理工程设计文件技术审查要点》

序号	审查项目	审查内容
3	设计计算要求	1 地基处理工程设计应满足现行《北京地区建筑地基基础勘察设计规范》《建筑地基处理技术规范》等规范的要求。 2 设计计算参数选择、验算项目、计算结果应满足相应规范要求。 3 采用手算的计算书，公式、数据应有可靠依据，采用计算图表及不常用的计算公式时，应注明其来源出处，计算结果应与图纸一致。 4 当采用计算机程序计算时，应在计算书中注明所采用的计算程序名称、代号、版本及编制单位，计算程序必须经过鉴定。输入的信息、荷载应符合本工程的实际情况。报审时应提供所有计算文本。当采用不常用的程序计算时，尚应提供该程序的使用说明书。 5 施工图中表达的内容应与计算结果相吻合，当结构设计过程中实际的荷载、布置等与计算书中采用的参数有变化时，应重新进行计算。 6 计算内容应当完整，计算成果应有计算人、审核人或校核人签字。地基处理设计单位和注册岩土/结构工程师应在计算书封面上盖章
3.1	基本要求	**《北京地区建筑地基基础勘察设计规范》DBJ 11—501—2009(2016 年版)** 3.0.3 所有建筑的地基均应进行地基承载力验算；地基基础设计等级为一级的建筑物或荷载条件复杂及对地基变形有较高要求的其他建筑，应进行地基变形验算；当地下水位较高，建筑存在上浮可能时，应进行抗浮验算；建造在斜坡上或边坡附近的建筑物和构筑物尚应验算其稳定性

《建筑地基处理技术规范》JGJ 79—2012

3.0.4 经处理后的地基，当按地基承载力确定基础底面积及埋深而需要对本规范确定的地基承载力特征值进行修正时，应符合下列规定：

1 大面积压实填土地基，基础宽度的地基承载力修正系数应取零；基础埋深的地基承载力修正系数，对于压实系数大于0.95、黏粒含量$\rho_c \geqslant 10\%$的粉土，可取1.5，对于干密度大于2.1t/m^3 的级配砂石可取2.0。

2 其他处理地基，基础宽度的地基承载力修正系数应取零，基础埋深的地基承载力修正系数应取1.0。

3.0.5 处理后的地基应满足建筑物地基承载力、变形和稳定性要求，地基处理的设计尚应符合下列规定：

1 经处理后的地基，当在受力层范围内仍存在软弱下卧层时，应进行软弱下卧层地基承载力验算。

2 按地基变形设计或应作变形验算且需进行地基处理的建筑物或构筑物，应对处理后的地基进行变形验算。

3 对建造在处理后的地基上受较大水平荷载或位于斜坡上的建筑物及构筑物，应进行地基稳定性验算。

12.1.2　问题解析

1. 采用手算的计算书，尤其是采用自行设计的计算表格时，未说明采用的计算公式。

2. 当采用计算机程序计算时，未在计算书中注明所采用的计算程序名称、代号、版本及编制单位；当采用不常用的程序计算时，未提供该程序的使用说明书。

3. 参数选取不正确，输入的数据与工程实际情况不符，如地层及参数输入错误、桩顶标高计算错误等。

4. 地层不均匀时，未按最不利钻孔条件进行设计计算；基底或桩端涉及多个土层时，未综合考虑桩间土承载力、桩端阻力取值等。

5. 计算内容不完整，如未提供单桩承载力计算过程、未进行桩身强度验算、未验算整体倾斜或相邻柱基间沉降差等。

6. 涉及承载力分区或多种基底标高（不含小面积井坑）等情况时，未分别计算承载力。

7. 计算结果错误，不满足设计要求或规范规定。

12.2　承载力计算

12.2.1　标准要求

《建筑地基处理技术规范》JGJ 79—2012

4.2.2 垫层厚度的确定应符合下列规定：

1 应根据需置换软弱土（层）的深度或下卧土层的承载力确定，并应符合下式要求：

$$p_z + p_{cz} \leqslant f_{az} \tag{4.2.2-1}$$

式中　p_z——相应于作用的标准组合时，垫层底面处的附加压力值（kPa）；

p_{cz}——垫层底面处土的自重压力值（kPa）；

f_{az}——垫层底面处经深度修正后的地基承载力特征值（kPa）。

2 垫层底面处的附加压力值 p_z 可分别按式（4.2.2-2）和式（4.2.2-3）计算：

1）条形基础

$$p_z=\frac{b(p_k-p_c)}{b+2z\tan\theta} \tag{4.2.2-2}$$

2）矩形基础

$$p_z=\frac{bl(p_k-p_c)}{(b+2z\tan\theta)(l+2z\tan\theta)} \tag{4.2.2-3}$$

式中 b——矩形基础或条形基础底面的宽度（m）；

l——矩形基础底面的长度（m）；

p_k——相应于作用的标准组合时，基础底面处的平均压力值（kPa）；

p_c——基础底面处土的自重压力值（kPa）；

z——基础底面下垫层的厚度（m）；

θ——垫层（材料）的压力扩散角（°），宜通过试验确定。无试验资料时，可按表4.2.2采用。

表4.2.2 土和砂石材料压力扩散角θ（°）

换填材料 / z/b	中砂、粗砂、砾砂、圆砾、角砾、石屑、卵石、碎石、矿渣	粉质黏土、粉煤灰	灰土
0.25	20	6	28
≥0.50	30	23	

注：1 当 $z/b<0.25$ 时，除灰土取 $\theta=28°$ 外，其他材料均取 $\theta=0°$，必要时宜由试验确定；
2 当 $0.25<z/b<0.5$ 时，θ 值可以内插；
3 土工合成材料加筋垫层其压力扩散角宜由现场静载荷试验确定。

4.2.3 垫层底面的宽度应符合下列规定：

1 垫层底面宽度应满足基础底面应力扩散的要求，可按下式确定：

$$b'\geqslant b+2z\tan\theta \tag{4.2.3}$$

式中 b'——垫层底面宽度（m）；

θ——压力扩散角，按本规范表4.2.2取值；当 $z/b<0.25$ 时，按表4.2.2中 $z/b=0.25$ 取值。

2 垫层顶面每边超出基础底边缘不应小于300mm，且从垫层底面两侧向上，按当地基坑开挖的经验及要求放坡。

3 整片垫层底面的宽度可根据施工的要求适当加宽。

6.2.2 压实填土地基的设计应符合下列规定：

9 压实填土地基承载力特征值，应根据现场静载荷试验确定，或可通过动力触探、静力触探等试验，并结合静载荷试验结果确定；其下卧层顶面的承载力应满足本规范式（4.2.2-1）、式（4.2.2-2）和式（4.2.2-3）的要求。

6.3.3 强夯处理地基的设计应符合下列规定：

9 强夯地基承载力特征值应通过现场静载荷试验确定。

6.3.5 强夯置换处理地基的设计，应符合下列规定：

11 软黏性土中强夯置换地基承载力特征值应通过现场单墩静载荷试验确定；对于饱和粉土地基，当处理后形成2.0m以上厚度的硬层时，其承载力可通过现场单墩复合地基静载荷试验确定。

7.1.5 复合地基承载力特征值应通过复合地基静载荷试验或采用增强体静载荷试验结果和其周边土的承载力特征值结合经验确定，初步设计时，可按下列公式估算：

1 对散体材料增强体复合地基应按下式计算：

$$f_{spk}=[1+m(n-1)]f_{sk} \tag{7.1.5-1}$$

式中 f_{spk}——复合地基承载力特征值（kPa）；

f_{sk}——处理后桩间土承载力特征值（kPa），可按地区经验确定；

n——复合地基桩土应力比，可按地区经验确定；

m——面积置换率，$m=d^2/d_e^2$；d 为桩身平均直径（m），d_e 为一根桩分担的处理地基面积的等效圆直径（m）；等边三角形布桩 $d_e=1.05s$，正方形布桩 $d_e=1.13s$，矩形布桩 $d_e=1.13\sqrt{s_1s_2}$，s、s_1、s_2 分别为桩间距、纵向桩间距和横向桩间距。

2 对有粘结强度增强体复合地基应按下式计算：

$$f_{spk}=\lambda m\frac{R_a}{A_p}+\beta(1-m)f_{sk} \tag{7.1.5-2}$$

式中 λ——单桩承载力发挥系数，可按地区经验取值；

R_a——单桩竖向承载力特征值（kN）；

A_p——桩的截面积（m^2）；

β——桩间土承载力发挥系数，可按地区经验取值。

3 增强体单桩竖向承载力特征值可按下式估算：

$$R_a=u_p\sum_{i=1}^{n}q_{si}l_{pi}+\alpha_pq_pA_p \tag{7.1.5-3}$$

式中 u_p——桩的周长（m）；

q_{si}——桩周第 i 层土的侧阻力特征值（kPa），可按地区经验确定；

l_{pi}——桩长范围内第 i 层土的厚度（m）；

α_p——桩端端阻力发挥系数，应按地区经验确定；

q_p——桩端端阻力特征值（kPa），可按地区经验确定；对于水泥搅拌桩、旋喷桩应取未经修正的桩端地基土承载力特征值。

7.1.6 有粘结强度复合地基增强体桩身强度应满足式（7.1.6-1）的要求。当复合地基承载力进行基础埋深的深度修正时，增强体桩身强度应满足式（7.1.6-2）的要求。

$$f_{cu}\geqslant 4\frac{\lambda R_a}{A_p} \tag{7.1.6-1}$$

$$f_{cu}\geqslant 4\frac{\lambda R_a}{A_p}\left[1+\frac{\gamma_m(d-1.5)}{f_{spa}}\right] \tag{7.1.6-2}$$

式中 f_{cu}——桩体试块（边长 150mm 立方体）标准养护 28d 的立方体抗压强度平均值（kPa），对水泥土搅拌桩应符合本规范第 7.3.3 条的规定；

γ_m——基础底面以上土的加权平均重度（kN/m^3），地下水位以下取有效重度；

d——基础埋置深度（m）；

f_{spa}——深度修正后的复合地基承载力特征值（kPa）。

7.8.4 柱锤冲扩桩复合地基设计应符合下列规定：

7 承载力特征值应通过现场复合地基静载荷试验确定；初步设计时，可按式（7.1.5-1）估算，置换率 m 宜取 0.2～0.5；桩土应力比 n 应通过试验确定或按地区经验确定；无经验值时，可取 2～4；

9 当柱锤冲扩桩处理深度以下存在软弱下卧层时，应按现行国家标准《建筑地基基础设计规范》GB 50007 的有关规定进行软弱下卧层地基承载力验算。

7.9.6 多桩型复合地基承载力特征值，应采用多桩复合地基静载荷试验确定，初步设计时，可采用下列公式估算：

1 对具有粘结强度的两种桩组合形成的多桩型复合地基承载力特征值：

$$f_{spk}=m_1\frac{\lambda_1 R_{a1}}{A_{p1}}+m_2\frac{\lambda_2 R_{a2}}{A_{p2}}+\beta(1-m_1-m_2)f_{sk} \qquad (7.9.6\text{-}1)$$

式中 m_1、m_2——分别为桩 1、桩 2 的面积置换率；

λ_1、λ_2——分别为桩 1、桩 2 的单桩承载力发挥系数；应由单桩复合地基试验按等变形准则或多桩复合地基静载荷试验确定，有地区经验时也可按地区经验确定；

R_{a1}、R_{a2}——分别为桩 1、桩 2 的单桩承载力特征值（kN）；

A_{p1}、A_{p2}——分别为桩 1、桩 2 的截面面积（m^2）；

β——桩间土承载力发挥系数；无经验时可取 0.9～1.0；

f_{sk}——处理后复合地基桩间土承载力特征值（kPa）。

2 对具有粘结强度的桩与散体材料桩组合形成的复合地基承载力特征值：

$$f_{spk}=m_1\frac{\lambda_1 R_{a1}}{A_{p1}}+\beta[1-m_1+m_2(n-1)]f_{sk} \qquad (7.9.6\text{-}2)$$

式中 β——仅由散体材料桩加固处理形成的复合地基承载力发挥系数；

n——仅由散体材料桩加固处理形成复合地基的桩土应力比；

f_{sk}——仅由散体材料桩加固处理后桩间土承载力特征值（kPa）。

7.9.7 多桩型复合地基面积置换率，应根据基础面积与该面积范围内实际的布桩数量进行计算，当基础面积较大或条形基础较长时，可用单元面积置换率替代。

1 当按图 7.9.7（a）矩形布桩时，$m_1=\frac{A_{p1}}{2s_1s_2}$，$m_2=\frac{A_{p2}}{2s_1s_2}$；

2 当按图 7.9.7（b）三角形布桩且 $s_1=s_2$ 时，$m_1=\frac{A_{p1}}{2s_1^2}$，$m_2=\frac{A_{p2}}{2s_1^2}$。

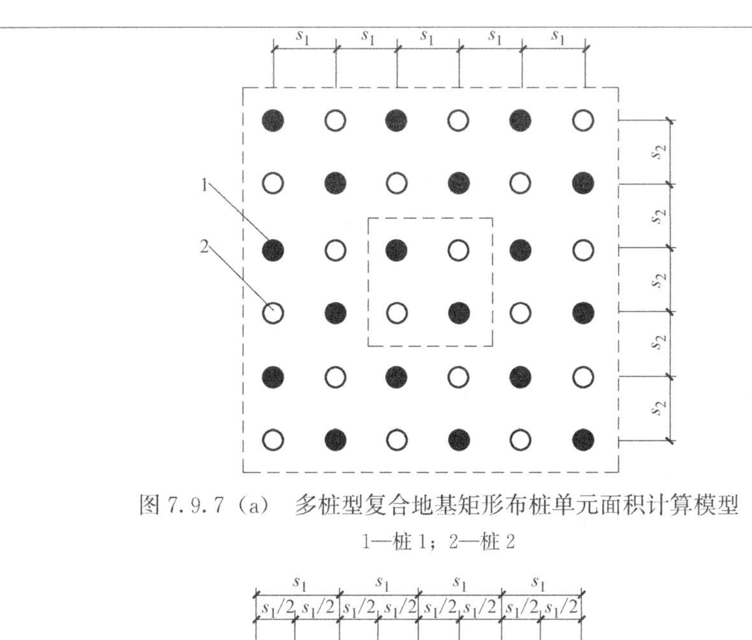

图 7.9.7（a）　多桩型复合地基矩形布桩单元面积计算模型

1—桩 1；2—桩 2

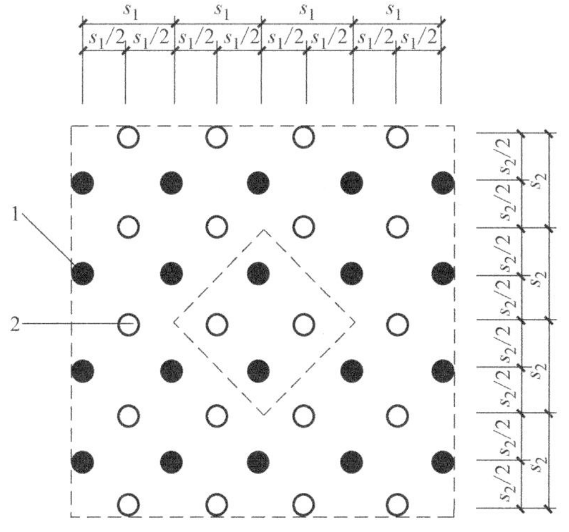

图 7.9.7（b）　多桩型复合地基三角形布桩单元面积计算模型

1—桩 1；2—桩 2

《北京地区建筑地基基础勘察设计规范》DBJ 11—501—2009（2016 年版）

11.5.4　水泥粉煤灰碎石桩复合地基设计应满足下列要求：

1　水泥粉煤灰碎石桩复合地基处理的深度，应根据地层情况、工程要求和设备等因素确定。当相对硬层的埋藏深度不大时，桩长应达到相对硬层；当相对硬层的埋藏深度较大时，应按建筑物地基变形允许值确定桩长。当存在软弱下卧层时，桩端以下持力层厚度不宜小于 3 倍桩径。

2　水泥粉煤灰碎石桩桩径宜取 300mm～800mm；桩距应根据设计要求的复合地基承载力、土性、施工工艺等确定，宜取（3～5）倍桩径。

3　桩顶和基础间应设置褥垫层，褥垫层厚度宜取 100mm～300mm，当桩径大或桩距大时褥垫层厚度宜取高值。褥垫层材料宜用中砂、粗砂、级配砂石或碎石等，最大粒径不宜大于30mm。褥垫层夯填度不得大于0.9。

3A 水泥粉煤灰碎石桩可只在基础范围内布置，并可根据建筑物荷载分布、基础形式和地基土性状，合理确定布桩参数。可按均匀布桩，当上部结构荷载分布相差较大或地基不均匀时，应根据承载力和变形要求布桩。

4 水泥粉煤灰碎石桩复合地基承载力标准值应按现场复合地基载荷试验结果确定。初步设计时也可按下式估算：

$$f_{spk}=\lambda m\frac{R_v}{A_p}+\beta(1-m)f_{sk} \tag{11.5.4-1}$$

式中 f_{spk}——复合地基承载力标准值（kPa）；

m——桩土面积置换率（%）；

λ——单桩承载力发挥系数，可取0.8～1.0；

R_v——单桩竖向承载力标准值（kN）；

A_p——桩身横截面面积（m^2）；

β——桩间土承载力折减系数，宜按经验取值，无经验时可取0.9～1.0；

f_{sk}——处理后桩间土承载力标准值（kPa），对非挤土成桩工艺，可取天然地基承载力标准值，对挤土成桩工艺，一般黏性土可取天然地基承载力标准值，松散砂土、粉土可取天然地基承载力标准值的（1.2～1.5）倍，原土强度低的取大值。

5 单桩竖向承载力标准值R_v应按下列规定确定：

1）当采用单桩载荷试验结果时，应将单桩竖向极限承载力除以安全系数2；

2）当无单桩载荷试验资料时，可按下式估算：

$$R_v=u_p\sum_{i=1}^{n}q_{si}l_i+\alpha_p q_p A_p \tag{11.5.4-2}$$

式中 u_p——桩身横截面周长（m）；

n——桩长范围内所划分的土层数；

q_{si}、q_p——桩侧第i层土的侧阻力标准值（kPa）、桩端阻力标准值（kPa），可按本规范第9章的有关规定取值；

α_p——桩端端阻力发挥系数，可取1.0；

l_i——桩穿越第i层土的厚度（m）。

6 桩身强度应满足式（11.5.4-3）的要求。当复合地基承载力进行基础埋深的深度修正时，桩身强度应满足式（11.5.4-4）的要求。

$$f_{cu}\geqslant 4\frac{\lambda R_v}{A_p} \tag{11.5.4-3}$$

$$f_{cu}\geqslant 4\frac{\lambda R_v}{A_p}\left[1+\frac{\gamma_0(d-1.5)}{f_{spa}}\right] \tag{11.5.4-4}$$

式中 f_{cu}——桩体混凝土试块（边长150mm立方体）标准养护28d的立方体抗压强度平均值（kPa）；

γ_0——基础底面以上土的加权平均重度（kN/m^3），地下水位以下取有效重度；

d——基础埋置深度（m）；

f_{spa}——深度修正后的复合地基承载力标准值（kPa）。

11.6.4　挤密桩复合地基设计应满足下列要求：

6　挤密桩复合地基承载力标准值应按现场复合地基载荷试验结果确定。初步设计时，可按照桩体不同材料估算：

当桩体采用有粘结强度材料时可按式（11.5.4-1）估算，其中桩间土承载力发挥系数β和单桩承载力发挥系数λ应按经验取值，无经验时β可取0.9～1.0，刚性桩λ可取0.8～1.0，半刚性桩λ可取1.0；处理后桩间土的承载力标准值f_{sk}，一般黏性土可取天然地基承载力标准值，松散砂土、粉土可取天然地基承载力标准值的（1.2～1.5）倍，原土强度低的取大值。

当桩体采用散体材料时可按下式估算：

$$f_{spk}=[1+m(n-1)]f_{sk} \tag{11.6.4}$$

式中　n——桩土应力比，无实测资料时，可取2～4，处理前土的强度低取大值，反之取小值；

f_{sk}——挤密后桩间土承载力标准值（kPa）。

12.2.2　问题解析

1. 设计输入条件，概化地层不合理，未计算最不利剖面。

2. 地层参数不正确，如土层编号、层底标高、厚度、侧阻力、端阻力、桩间土承载力等，与勘察报告不一致。

3. 设计参数不正确，如桩顶标高计算错误（包括筏板顶标高、底标高计算错误，筏板基础未考虑基础垫层及防水层厚度、独立基础无防水层却计入了防水层厚度等）、经验系数取值错误等。

4. 计算内容不完整，如缺少单桩承载力计算过程、未进行桩身强度验算等。

5. 桩间土承载力取值偏于不安全。

【解析】　当基础底面下桩间土为互层时，应综合考虑桩间土承载力取值；当基础底面下持力层较薄，且下卧层承载力小于持力层承载力时，应进行软弱下卧层验算，或取软弱下卧层的天然地基承载力值为设计取用值。当基础底面下仅局部存在薄层填土或软弱夹层，按主要土层进行设计时，应有加强基底土层检验、必要时对局部填土层或软弱夹层进行挖除换填等措施的说明。桩间土为换填土时，应提出承载力检验的要求，根据检验结果复核f_{sk}取值。

6. 桩身周围有液化土层时未考虑对桩侧阻力的折减。

【解析】　桩身周围有液化土层且主体结构设计单位明确可不进行消除液化的，地基处理时，计算单桩承载力宜将液化土层侧阻力乘以土层液化影响折减系数。土层液化影响折减系数应符合《建筑抗震设计规范》GB 50011—2010（2016年版）的有关规定。

7. 增强体强度未考虑腐蚀性环境。

【解析】 以CFG桩为例，桩身范围内土或地下水对混凝土结构为微腐蚀性环境下时，桩身强度可按《建筑地基处理技术规范》式（7.1.6-1）或式（7.1.6-2）验算；当存在弱腐蚀或以上腐蚀性环境时，除满足上述公式外，还应符合《工业建筑防腐蚀设计标准》GB/T 50046—2018的有关规定。

12.3 变形计算

12.3.1 标准要求

《建筑地基处理技术规范》JGJ 79—2012

4.2.6 对于垫层下存在软弱下卧层的建筑，在进行地基变形计算时应考虑邻近建筑物基础荷载对软弱下卧层顶面应力叠加的影响。当超出原地面标高的垫层或换填材料的重度高于天然土层重度时，宜及时换填，并应考虑其附加荷载的不利影响。

4.2.7 垫层地基的变形由垫层自身变形和下卧层变形组成。换填垫层在满足本规范第4.2.2条～4.2.4条的条件下，垫层地基的变形可仅考虑其下卧层的变形。对地基沉降有严格限制的建筑，应计算垫层自身的变形。垫层下卧层的变形量可按现行国家标准《建筑地基基础设计规范》GB 50007的规定进行计算。

6.2.1 压实地基处理应符合下列规定：

10 压实填土地基的变形，可按现行国家标准《建筑地基基础设计规范》GB 50007的有关规定计算，压缩模量应通过处理后地基的原位测试或土工试验确定。

6.3.3 强夯处理地基的设计应符合下列规定：

10 强夯地基变形计算，应符合现行国家标准《建筑地基基础设计规范》GB 50007有关规定。夯后有效加固深度内土的压缩模量，应通过原位测试或土工试验确定。

6.3.5 强夯置换处理地基的设计，应符合下列规定：

12 强夯置换地基的变形宜按单墩静载荷试验确定的变形模量计算加固区的地基变形，对墩下地基土的变形可按置换墩材料的压力扩散角计算传至墩下土层的附加应力，按现行国家标准《建筑地基基础设计规范》GB 50007的有关规定计算确定；对饱和粉土地基，当处理后形成2.0m以上厚度的硬层时，可按本规范第7.1.7条的规定确定。

7.1.7 复合地基变形计算应符合现行国家标准《建筑地基基础设计规范》GB 50007的有关规定，地基变形计算深度应大于复合土层的深度。复合土层的分层与天然地基相同，各复合土层的压缩模量等于该层天然地基压缩模量的ξ倍，ξ值可按下式确定：

$$\xi=\frac{f_{spk}}{f_{ak}} \tag{7.1.7}$$

式中 f_{ak}——基础底面下天然地基承载力特征值（kPa）。

7.1.8 复合地基的沉降计算经验系数ψ_s可根据地区沉降观测资料统计值确定，无经验取值时，可采用表7.1.8的数值。

表 7.1.8　沉降计算经验系数 ψ_s

$\overline{E}_s$(MPa)	4.0	7.0	15.0	20.0	35.0
ψ_s	1.0	0.7	0.4	0.25	0.2

注：$\overline{E}_s$ 为变形计算深度范围内压缩模量的当量值，应按下式计算：

$$\overline{E}_s=\frac{\sum_{i=1}^{n}A_i+\sum_{j=1}^{m}A_j}{\sum_{i=1}^{m}\frac{A_i}{E_{spi}}+\sum_{j=1}^{m}\frac{A_j}{E_{sj}}} \tag{7.1.8}$$

式中　A_i——加固土层第 i 层土附加应力系数沿土层厚度的积分值；

A_j——加固土层下第 j 层土附加应力系数沿土层厚度的积分值。

7.8.4　柱锤冲扩桩复合地基设计应符合下列规定：

8　处理后地基变形计算应符合本规范第 7.1.7 条和第 7.1.8 条的规定。

7.9.8　多桩型复合地基变形计算可按本规范第 7.1.7 条和第 7.1.8 条的规定，复合土层的压缩模量可按下列公式计算：

1　有粘结强度增强体的长短桩复合加固区、仅长桩加固区土层压缩模量提高系数分别按下列公式计算：

$$\xi_1=\frac{f_{spk}}{f_{ak}} \tag{7.9.8-1}$$

$$\xi_2=\frac{f_{spk1}}{f_{ak}} \tag{7.9.8-2}$$

式中　f_{spk1}、f_{spk}——分别为仅由长桩处理形成复合地基承载力特征值和长短桩复合地基承载力特征值（kPa）；

ξ_1、ξ_2——分别为长短桩复合地基加固土层压缩模量提高系数和仅由长桩处理形成复合地基加固土层压缩模量提高系数。

2　对由有粘结强度的桩与散体材料桩组合形成的复合地基加固区土层压缩模量提高系数可按式（7.9.8-3）或式（7.9.8-4）计算。

$$\xi_1=\frac{f_{spk}}{f_{spk2}}[1+m(n-1)]\alpha \tag{7.9.8-3}$$

$$\xi_1=\frac{f_{spk}}{f_{ak}} \tag{7.9.8-4}$$

式中　f_{spk2}——仅由散体材料桩加固处理后复合地基承载力特征值（kPa）；

α——处理后桩间土地基承载力的调整系数，$\alpha=f_{sk}/f_{ak}$；

m——散体材料桩的面积置换率。

7.9.9　复合地基变形计算深度应大于复合地基土层的厚度，且应满足现行国家标准《建筑地基基础设计规范》GB 50007 的有关规定。

《建筑地基基础设计规范》GB 50007—2011

5.3.5 计算地基变形时，地基内的应力分布，可采用各向同性均质线性变形体理论。其最终变形量可按下式进行计算：

$$s=\psi_s s'=\psi_s \sum_{i=1}^{n} \frac{p_0}{E_{si}}(z_i\bar{\alpha}_i-z_{i-1}\bar{\alpha}_{i-1}) \tag{5.3.5}$$

式中 s——地基最终变形量（mm）；

s'——按分层总和法计算出的地基变形量（mm）；

ψ_s——沉降计算经验系数，根据地区沉降观测资料及经验确定，无地区经验时可根据变形计算深度范围内压缩模量的当量值（$\overline{E}_s$）、基底附加压力按表 5.3.5 取值；

n——地基变形计算深度范围内所划分的土层数（图 5.3.5）；

p_0——相应于作用的准永久组合时基础底面处的附加压力（kPa）；

E_{si}——基础底面下第 i 层土的压缩模量（MPa），应取土的自重压力至土的自重压力与附加压力之和的压力段计算；

z_i、z_{i-1}——基础底面至第 i 层土、第 $i-1$ 层土底面的距离（m）；

$\bar{\alpha}_i$、$\bar{\alpha}_{i-1}$——基础底面计算点至第 i 层土、第 $i-1$ 层土底面范围内平均附加应力系数，可按本规范附录 K 采用。

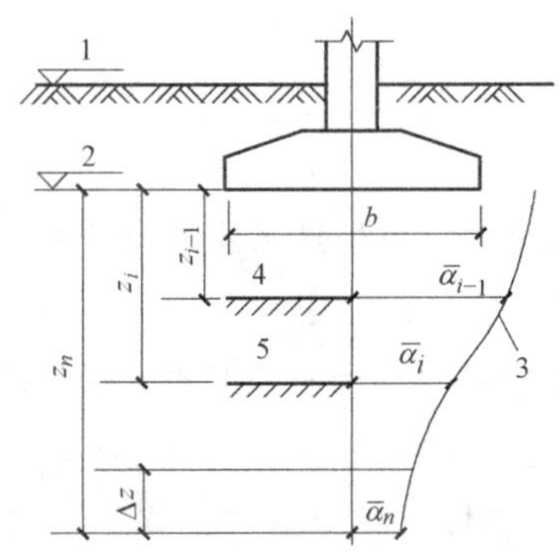

图 5.3.5 基础沉降计算的分层示意

1—天然地面标高；2—基底标高；3—平均附加应力系数 $\bar{\alpha}$ 曲线；4—$i-1$ 层；5—i 层

5.3.7 地基变形计算深度 z_n（图 5.3.5），应符合式（5.3.7）的规定。当计算深度下部仍有较软土层时，应继续计算。

$$\Delta s'_n \leqslant 0.025 \sum_{i=1}^{n} \Delta s'_i \tag{5.3.7}$$

式中 $\Delta s'_i$——在计算深度范围内，第 i 层土的计算变形值（mm）；

$\Delta s'_n$——在由计算深度向上取厚度为 Δz 的土层计算变形值（mm），Δz 见图 5.3.5 并按表 5.3.7 确定。

表 5.3.7　Δz

b(m)	≤2	2<b≤4	4<b≤8	b>8
Δz(m)	0.3	0.6	0.8	1.0

《北京地区建筑地基基础勘察设计规范》DBJ 11—501—2009（2016 年版）

11.1.9　对于本规范规定需要进行地基变形验算的建筑物或构筑物，地基处理设计时应进行变形验算，并在地基处理后进行沉降观测，直至沉降达到基本稳定为止；对于受较大水平荷载或位于斜坡上的建筑物或构筑物，应验算地基处理后的稳定性。

11.2.3　换填垫层设计应满足下列要求：

3　垫层地基的变形由垫层自身变形和下卧层变形组成，换填垫层在满足表 11.2.3 要求的垫层压实标准及现行行业标准《建筑地基处理技术规范》JGJ 79 规定的条件下，垫层地基的变形可仅考虑其下卧层的变形。对地基沉降有严格限制的建筑，应计算垫层自身的变形。有关垫层的模量应根据试验或经验确定。垫层下卧层的变形量可按本规范第 7.4 节的规定进行计算。

表 11.2.3　垫层的压实标准及承载力

施工方法	换填材料	压实系数 λ_c	承载力标准值 f_{ka}(kPa)
碾压振密或夯实	碎石、卵石	≥0.97	200～300
	砂夹石(其中碎石、卵石占全重的 30%～50%)		200～250
	土夹石(其中碎石、卵石占全重的 30%～50%)		150～200
	中砂、粗砂、砾砂、角砾、圆砾		150～200
	石屑		120～150
	粉质黏土	≥0.97	130～180
	灰土	≥0.95	200～250

注：1　压实系数 λ_c 为土的控制干密度 ρ_d 与最大干密度 ρ_{dmax} 的比值，土的最大干密度宜采用击实试验确定；碎石或卵石的最大干密度可取 21kN/m^3～22kN/m^3。

2　表中压实系数 λ_c 系使用轻型击实试验测定土的最大干密度 ρ_{dmax} 时给出的压实控制标准，采用重型击实试验时，对粉质黏土、灰土及其他材料压实标准应为压实系数 $\lambda \geq 0.94$。

11.5.4　水泥粉煤灰碎石桩复合地基设计应满足下列要求：

7　水泥粉煤灰碎石桩复合地基变形计算应符合本规范第 7.4 节变形计算的有关规定，地基变形计算深度应大于复合土层的深度。

1）土层的分层与天然地基相同，各复合土层的压缩模量等于该层天然地基压缩模量的 ζ 倍，ζ 值可按下式确定：

$$\zeta=\frac{f_{\mathrm{spk}}}{f_{\mathrm{ka}}} \tag{11.5.4-5}$$

式中 f_{ka}——基础底面下天然地基承载力标准值（kPa）。

2）地基变形计算深度范围内压缩模量的当量值按下式计算：

$$\overline{E}_{\mathrm{s}}=\frac{\sum_{i=1}^{n}A_i+\sum_{j=1}^{m}A_j}{\sum_{i=1}^{n}\frac{A_i}{E_{\mathrm{sp}i}}+\sum_{j=1}^{m}\frac{A_j}{E_{\mathrm{s}j}}} \tag{11.5.4-6}$$

式中 $\overline{E}_{\mathrm{s}}$——地基变形计算深度范围内压缩模量的当量值，$E_{\mathrm{s}}$ 按实际应力段取值；

A_i——加固土层第 i 层土附加应力系数沿土层厚度的积分值；

A_j——加固土层下第 j 层土附加应力系数沿土层厚度的积分值；

$E_{\mathrm{sp}i}$——加固土层第 i 层复合土压缩模量；

$E_{\mathrm{s}j}$——加固土层下第 j 层土压缩模量。

8 水泥粉煤灰碎石桩复合地基的沉降计算经验系数 ψ_{s} 可根据沉降观测资料统计值确定。无经验，按本规范公式（7.4.7）和公式（7.4.8-1）计算高层建筑地基沉降时，沉降计算经验系数 ψ_{s} 可分别按表 11.5.4-1 和表 11.5.4-2 取值。

7.4.7 计算建筑物地基变形时，地基内的应力分布可采用各向同性均质线性变形体理论，按下式计算最终沉降量：

$$s=\Psi_{\mathrm{s}}s_{\mathrm{c}}=\Psi_{\mathrm{s}}\sum_{i=1}^{n}\frac{p_0}{E_{si}}(z_i\overline{\alpha}_i-z_{i-1}\overline{\alpha}_{i-1}) \tag{7.4.7}$$

式中 s——地基最终沉降量（mm）；

s_{c}——按分层总和法计算的地基沉降量（mm）；

Ψ_{s}——沉降计算经验系数，根据建筑物类别、基础类型、基础埋置深度、基础宽度及地基土质情况，分别按表 7.4.7-1 或表 7.4.7-2 采用；

n——地基变形计算深度范围内划分的土层数，地基变形的计算深度，对于中、低压缩性土取附加压力等于自重压力 20%的深度；对于高压缩性土取附加压力等于自重压力 10%的深度；

p_0——相应于荷载效应准永久组合的基础底面处的附加压力值（kPa）；

z_i、z_{i-1}——基础底面至第 i 层土、第 $i-1$ 层土底面的距离（m）；

$\overline{\alpha}_i$、$\overline{\alpha}_{i-1}$——基础底面计算点到第 i 层土、第 $i-1$ 层土底面范围内的平均附加应力系数，按本规范附录 H 采用；

E_{si}——基础底面下第 i 层土的压缩模量（MPa），取土的自重压力至土的自重压力与附加压力之和的压力段所对应的压缩模量。

11.6.4 挤密桩复合地基设计应满足下列要求：

7 处理后地基变形计算应符合本规范第 11.5.4 条的规定。

12.3.2 问题解析

1. 天然土层压缩模量 E_{s} 从上到下均按基底附加压力的压力段取值，偏于不安全。

【解析】压缩模量 E_{s} 的取值应取有效自重压力到有效自重压力与附加压力之和的压

力段。基础底面下附加压力较大，可按相应压力段取值，随着深度的增加，附加压力逐渐减小，E_s 应按相应的较小压力段取值。

2. 在计算复合土层模量提高系数 ζ 时，天然地基承载力 f_{ak} 各层按本层土的天然地基承载力取值，存在错误。

【解析】计算复合土层模量提高系数 ζ 时，天然地基承载力 f_{ak} 的取值应为基础底面下天然地基承载力特征值，且应与承载力计算时取值一致。复合土层的模量提高系数 ζ 应是唯一值。

3. 在计算复合土层模量提高系数 ζ 时，复合地基承载力特征值 f_{spk} 未按实际检测值取值。

【解析】在有些设计中，复合地基承载力特征值 f_{spk} 计算结果比主体结构设计单位要求的承载力大。这里分两种情况，一种是变形能够满足要求，即按承载力控制设计，承载力检测验收时，静载荷试验最大加载量按不小于设计要求的承载力特征值的 2 倍。此时计算 ζ 时，f_{spk} 应按设计要求的承载力取值。复合地基承载力计算结果大于主体结构设计单位要求的部分由于未经检测验证，不宜采用。另一种情况是按设计要求的承载力设计后，变形计算结果不满足设计要求，则需按变形控制设计，即需要通过达到更高的承载力，增大复合土层模量提高系数 ζ，加大复合土层的模量以使变形计算结果控制在设计允许范围内；此时 f_{spk} 按计算出来的增大的承载力取值，同时应要求工程检测验收时，静载荷试验最大加载量按不小于该承载力值的 2 倍。

复合地基设计计算书较多采用理正软件，其计算复合土层压缩模量值时，f_{spk} 默认是取计算值，即按变形控制设计时适用。当按承载力控制进行设计计算时应注意，如果计算得到的 f_{spk} 与设计要求有差别时，应按设计要求的 f_{spk} 取值对放大系数 ξ 进行调整。

4. 地基变形计算深度小于复合土层的深度。

【解析】通常独立基础、条形基础变形收敛较快，可能在复合土层深度内已经收敛，有些单位采用天然地基变形计算程序，按变形比控制计算深度时会自动终止计算，未满足计算深度应大于复合土层的深度要求。

5. 变形计算深度未满足变形比小于 0.025 的控制规定。

【解析】根据《建筑地基基础设计规范》GB 50007—2011 第 7.2.10 条，复合地基变形计算深度应符合本规范第 5.3.7 条的规定，即要求按应变比法确定计算深度。《北京地区建筑地基基础勘察设计规范》DBJ 11—501—2009（2016 年版）第 7.4 节规定了天然地基变形计算可采用应力比法。根据经验，如果桩端持力层为砂卵石等硬层时，按应力比法计算的复合地基变形计算深度偏深；如果桩端持力层为黏性土等较软层时，则变形计算深度偏浅。参见案例一。

6. 当计算深度下部仍有较软土层时，未继续计算。

7. 差异变形验算存在问题。

【解析】最大沉降量计算，筏板一般应计算基础中心点沉降，独立基础可选择尺寸最大的情况计算，问题较少。差异变形验算则存在问题较多，设计时应注意以下问题：

（1）筏板基础应计算最大倾斜值，应选用地层差异大的较长边上连线垂直长边的两个（角点）钻孔，计算基础宽度方向两端点的沉降量，根据沉降差与基础宽度之比计算倾斜。计算应注意角点沉降计算公式与中心点沉降计算公式的区别。

（2）独立基础应验算不利位置相邻柱基间最大沉降差，宜选择基础大小差异大、间距近的位置验算。

（3）主楼和地库间沉降差。当主体结构设计提出主楼和地库沉降差计算时，应计算主楼和地库之间相连构件两端的沉降差。个别设计采用筏板中心点沉降量与地库比较，未理解结构设计的需求。

（4）砌体承重结构（条形基础）的差异变形由局部倾斜值控制，应选择不利条件验算。

（5）变形计算应选取不利钻孔地层条件，应根据模量较小的地层厚度较大的情况，与单桩承载力计算时采用的不利钻孔有时并不一致。

案 例 一

沉降计算

沉降计算点坐标(X_0,Y_0) = (0.000,0.000)

层号	厚度 (m)	压缩模量 (MPa)	Z_1 (m)	Z_2 (m)	压缩量 (mm)	应力系数积分值 $(z_2a_2-z_1a_1)$
5	2.80	28.580	0.00	2.80	18.15	2.7861
6	3.00	16.085	2.80	5.80	32.66	2.8212
7	5.50	33.964	5.80	11.30	23.35	4.2601
8	1.50	97.878	11.30	12.80	1.82	0.9574
9	1.40	24.828	12.80	14.20	6.20	0.8268
9	1.30	7.610	14.20	15.50	17.51	0.7158
10	1.30	8.860	15.50	16.80	14.09	0.6705
11	1.50	11.610	16.80	18.30	11.59	0.7230
12	1.30	9.270	18.30	19.60	11.79	0.5869
13	1.70	6.980	19.60	21.30	19.14	0.7175

最后一层⑬层:
19.14mm/(1.7m×156.30mm)=0.072＞0.025
沉降计算未收敛！

压缩模量当量值按《建筑地基基础设计规范》GB 50007— 2011 中的公式（5.3.6），即

$\bar{E}_s = \sum A_i / (\sum A_i / E_{si})$

压缩模量的当量值：17.945MPa

依据《建筑地基处理技术规范》JGJ 79—2012中的表 7.1.8，可根据压缩模量的当量值计算出沉降经验系数 ψ_s，

沉降计算经验系数 ψ_s 表 7.1.8

压缩模量的当量值（MPa）	4.0	7.0	15.0	20.0	35.0
ψ_s	1.00	0.70	0.40	0.25	0.20

根据表7.1.8 得（内插）

ψ_s =0.40×（0.40−0.25）×（17.945−7.0）/5=0.31

沉降计算经验系数： 0.31

按分层总和法计算的总沉降量 s =156.30mm

总沉降量：0.31×156.30 = 48.45mm

注：Z_1 —— 基础底面至本计算分层顶面的距离
Z_2 —— 基础底面至本计算分层底面的距离

总沉降量为 48.45mm＜50mm
满足设计要求。

本案例沉降计算未收敛，地基变形计算深度不够，总沉降量满足不了设计要求。地基变形计算深度不够的原因，除了未按规范要求计算外，还有钻孔深度不够。钻孔深度不满足沉降计算需要时，应由原勘察单位补充资料并经审查通过。总沉降量满足不了设计要求时，应调整设计。

13 图　　纸

13.1 设计总说明

13.1.1 标准要求

《地基处理工程设计文件技术审查要点》

设计说明应包括下列内容： （1）工程概况、设计等级； （2）场地工程地质、水文地质条件； （3）周边已有工程设施等环境条件； （4）设计依据及设计目标； （5）设计方案； （6）地基处理设计等级、设计使用年限； （7）施工技术要点； （8）主要材料及技术要求； （9）质量检验及检测； （10）工程风险分析及应急措施要求。

13.1.2 问题解析

1. 工程概况叙述不全面，与任务书或主体结构设计单位图纸不一致。

【解析】 工程概况应包括：工程项目位置，需要地基处理的楼座名称、编号，地上、地下层数，正负零标高，基础形式（柱基、条基、筏基）、基底标高（基础板底标高、板厚、基底素混凝土垫层及防水层厚度）等地基处理设计条件。

2. 场地工程地质、水文地质条件与勘察报告不一致；缺水、土的腐蚀性分析评价结论；缺场地地基土液化判别结论。

【解析】（1）场地工程地质条件应叙述场地地形及地面标高、地层岩性分布等；

（2）场地水文地质条件应叙述地下水位、地表水情况等；

（3）水、土的腐蚀性结论与材料耐久性设计有关；当地基处理设计深度范围内的地下水或土的腐蚀性等级为弱或以上时，应采取抗腐蚀措施；

（4）场地土层液化判别结论关系到地基处理设计方案的选取。当基底以下存在液化土层时，首先需要由上部结构设计单位明确是否需要采取地基处理措施消除液化影响，根据设计要求采用适宜的地基处理措施；

场地工程地质、水文地质条件与勘察报告不一致。参见案例二。

3. 缺少周边已有工程设施等环境条件。

【解析】 在选择地基处理方案前，应调查邻近建筑、地下工程、周边道路及有关管线等情况，了解施工场地的周边环境情况。环境条件复杂时，宜在设计图纸中附上周边已有工程设施等环境条件图。

设计说明中宜考虑：

（1）邻近建筑及地下管线与本工程的距离、基础埋深等空间关系，保护要求等；

（2）基坑内作业，应留出机械施工需要的最小作业距离，不得对护坡结构造成破坏；

（3）施工设备应避开空中高压线等；

（4）选择适宜的施工方法，噪声、振动等可能影响周边居民时采取的措施等。

4. 设计依据及设计目标有缺项或错误。

【解析】（1）设计依据的技术标准应为现行有效版本；

（2）未明示依据的勘察报告和设计文件（文件名称、工程编号、版本号、单位名称等）；

（3）设计目标包括复合地基承载力要求、地基变形控制指标（总沉降量、倾斜/差异沉降）、地基稳定性要求、液化处理要求等，但其与任务书及上部结构设计单位要求不一致。

5. 设计方案说明存在不清晰、不一致等问题。

【解析】 设计总说明中应简要叙述采用的地基处理设计方案，宜包括：设计总桩长/有效桩长、桩径、桩间距、有效桩顶标高、桩端持力层、单桩承载力、混凝土强度等级褥垫层要求及井坑处的桩长处理方法等。见设计参数表13.1.1、表13.1.2。

建筑物地基处理参数　　　　**表13.1.1**

建筑物	承载力要求(kPa)	地基处理方案	桩径(mm)	桩数(根)	CFG桩单桩承载力(kN)	施工桩长(m)	有效桩长(m)	桩间距
1号住宅楼	290	CFG	400	274	650	18.50	18.00	1.7m×1.7m
2号住宅楼	270	CFG	400	225	650	18.5	18.00	1.8m×1.8m
3号住宅楼	240	CFG	400	220	470	14.50	14.00	1.7m×1.7m
4号住宅楼	240	CFG	400	274	480	14.50	14.00	1.7m×1.7m
5号住宅楼	200	CFG	400	186	370	11.50	11.00	1.8m×1.8m
6号住宅楼	200	CFG	400	192	380	11.50	11.00	1.8m×1.8m

注：电梯井和集水坑处施工桩长相应加长。

CFG桩复合地基设计参数表　　　　**表13.1.2**

项目	参数
基础垫层底标高(m)	−12.27
施工工作面标高(m)	−11.97
有效桩顶标高(m)	−12.47

续表

项目	参数
基础直接持力层	③层粉质黏土—重粉质黏土
天然地基承载力特征值 f_{sk}(kPa)	140
设计桩长(m)	22.50
保护桩长/有效桩长(m)	0.50/22.00
桩间距(m)	一般为 1.50×1.60
桩数(根)	248
桩径(mm)	400
桩体混凝土强度等级	C25
桩端持力层	⑥层粉质黏土—重粉质黏土、⑥$_2$ 层局部黏土
单桩承载力特征值 R_a(kN)	685
面积置换率 m(%)	≥5.22
复合地基承载力特征值 f_{spk}(kPa)	375

6. 未明示地基处理设计等级、设计使用年限。

7. 施工技术要点不全面、不正确，如未明示试样、试块的抽取要求，独立基础、条形基础桩位偏差不符合相关规范规定等。

8. 未明示主要材料及技术要求，腐蚀性环境未明确防腐蚀措施。

9. 未提出质量检验检测要求，或检验检测项目、数量、要求有误，分区设计时未按不同条件分区安排检测；未明示处理地基上的建筑物应在施工期间及使用期间进行沉降观测的要求等。参见案例三。

【解析】 地基处理质量检验检测及监测工作安排是地基处理设计工作的重要部分，是验证设计及施工成果是否达到设计要求的重要环节。具体规定和要求详见本书第 13.3 节。

10. 缺少工程风险分析及应急措施要求。

【解析】 工程风险分析及应急措施要求应视地层条件、施工方法、周边环境条件等，有针对性地进行分析，提出措施。应包括但不仅限于以下内容：

(1) 机具相关的安全风险（高空坠落、机具倾倒、机械伤害、物体击打等）；应做好安全技术交底，严格按照操作规程作业。

(2) 操作人员的安全风险（培训、安全帽等）；加强安全教育，持证上岗。采取适宜的防护措施。

(3) 地层及施工的质量风险（窜孔、缩径、堵管、断桩等）；应根据实际工程情况提出针对性预防措施。

(4) 与地下水有关的施工质量安全风险。例如 CFG 桩桩端处于承压水水头较高的砂卵石层，由于承压水水头压力较大，会导致提钻、压灌混凝土施工时，带出混凝土水泥浆、泥浆、粉砂等混合物，产生桩端部施工质量问题，造成单桩承载力检验不合格。施工前应进行试桩，根据试桩结果调整地基设计参数。施工时应缓慢提钻，增加泵送混凝土压力。参见案例四。

案　例　二

设计说明(一)

一、工程概况

1.本项目位于北京市海淀区上庄镇(京新高速与沙阳路交叉口东北),本工程主要由高层住宅(18F,21F)、居服、幼儿园和地下车库组成,地下车库北区为两层,地下二层为人防,南区为地下一层.

2、幼儿园±0.000的绝对标高43.

> 一、工程概况,缺少需要地基处理的幼儿园基础形式、埋深等设计条件

二、设计图纸

1、其他专业设计图纸

(1)《三元嘉业西郊农场东部地块(北区)项目总平面图》上海天华建筑设计有限公司;

(2)《基础平面图》上海天华建筑设计有限公司;

(3)《准永久荷载作用下反力分布图及文字说明》上海天华建筑设计有限公司;

2.岩土工程勘察报告

(1)《三元嘉业西郊农场东部地块(北区)项目岩土工程勘察报告》 工程编号:2016枕062-1;

3.设计所遵循的相关标准、规范及规程

(1)《建筑地基基础设计规范》(GB50007—2011);

(2)《建筑抗震设计规范》(GB50011—2010(2016年版));

(3)《工程测量规范》(GB50026—2007);

(4)《建筑结构荷载规范》(GB50009—2012);

(5)《混凝土结构耐久性设计规范》(GB/T 50476—2008);

(6)《建筑地基基础工程施工质量验收标准》(GB50202—2018);

(7)《建筑工程施工质量验收统一标准》(GB50300—2013);

(8)《施工现场临时用电安全技术规范》(JGJ46—2005);

(9)《建筑地基处理技术规范》(JGJ79—2012);

(10)《建筑桩基技术规范》(JGJ94—2008);

(11)《建筑变形测量规范》(JGJ8—2007);

> 规范版本过期

(12)《建筑基桩检测技术规范》(JGJ106—2014);

(13)《北京地区建筑地基基础勘察设计规范》(DBJ 11—501— 2009(2016年版));

4.其他资料报告.

5.搜集的周边环境资料及施工场地用地平面

> 四、工程地质及水文地质条件
> (1) 无地面标高;
> (2) 无地下水标高;
> (3) 无土的腐蚀性;
> (4) 缺少土层液化判别和抗震设计条件

三、主要设计要求

根据结构要求,本工程只处理独立基础部分,采用CFG桩复合地基.幼儿园处理后的地基承载力特征值fspk ≥300kPa;处理后的地基沉降量≤50mm,框架倾斜变形斜率小于等于‰,地基处理后的地基承载力应通过现场试验确定.

四、工程地质及水文地质条件

1.工程地质条件

本次勘察揭露地层的最大深度为43m,根据钻探揭露地层与原位测试及室内土工试验结果,按地层沉积年代、成因类型,将本工程场地勘探范围内的土层划分为人工堆积层、新近沉积层、一般第四纪冲洪积层三大类,并按地层岩性及其物理力学性质进一步分为7个大层及其亚层,本次勘察范围内地层土质情况分述如下:

人工堆积层以下为新近沉积之粉质黏土、重粉质黏土②层,黏质粉土、砂质粉土②$_1$层及黏土、重粉质黏土②$_2$层.

新近沉积层以下为第四纪沉积之粉质黏土、重粉质黏土③层,有机质黏土、有机质重粉质黏土③$_1$层及 粉质黏土、砂质粉土③$_2$层;粉质黏土、重粉质黏土④层,粉质粉土,砂质粉土④$_1$层及细砂、中砂④$_2$层;粉质黏土、重粉质黏土⑤层,黏质粉土、砂质粉土⑤$_1$层,细砂、中砂⑤$_2$层及粉土、重粉质黏土⑤$_3$层;粉质黏土、重粉质黏土⑥层,粉质粉土、砂质粉土⑥$_1$层及细砂、中砂⑥$_2$层.

2、水文地质条件

勘探期间2016年7月下旬测到上5层稳定地下水:1、潜水埋深3.7~5.2m 2、层间水埋深5.7~8.4m 3、层间水(局部承压)埋深10.3~16.3m 4、层间水(局部承压)埋深18.6~21.3m 5、潜水~承压水埋深22.8~26.60m.

3、腐蚀性评价

2、3、4、层地下水对混凝土结构具微腐蚀性;对钢筋混凝土中的钢筋有微腐蚀性,在长期浸水 条件下有微腐蚀性.

案 例 三

(1) 无地基处理设计等级、设计使用年限；

(2) 无周边已有工程设施等环境条件；

(3) 无工程风险分析及应急措施要求

设计说明(二)

五、设计参数

1、CFG桩复合地基承载力特征值、单桩承载力特征值、有效桩长、混凝土强度等级、桩数见下：

[illegible]	基础尺寸/m*m	[illegible]	[illegible]	[illegible]/mm	[illegible]/m	桩间距/m*m	布置形式
DJ-1	[illegible]	[illegible]	[illegible]	25	16	1.2*1.2	矩形
DJ-2	[illegible]	[illegible]	[illegible]	25	16	[illegible]	矩形
DJ-3	[illegible]	[illegible]	[illegible]	25	16	[illegible]	矩形
DJ-4	[illegible]	[illegible]	[illegible]	25	16	[illegible]	矩形
DJ-5	[illegible]	[illegible]	[illegible]	25	16	1.2*1.2	矩形
DJ-6	[illegible]	[illegible]	[illegible]	25	16	1.2*1.2	矩形
DJ-7	[illegible]	[illegible]	[illegible]	25	16	1.2*1.2	矩形
DJ-8	[illegible]	[illegible]	[illegible]	25	16	1.2*1.2	矩形
DJ-9	[illegible]	[illegible]	[illegible]	25	16	1.2*1.2	矩形
DJ-10	[illegible]	[illegible]	[illegible]	25	16	1.2*1.2	矩形
DJ-11	[illegible]	[illegible]	[illegible]	25	16	1.2*1.2	矩形
DJ-12	[illegible]	[illegible]	[illegible]	25	16	1.2*1.2	矩形
[illegible]	[illegible]	[illegible]	[illegible]	25	16	1.2*1.2	矩形

2、CFG桩桩身材料为商品混凝土，强度等级为C20；CFG桩桩径为400mm；CFG桩施工时保护桩长不小于500mm；褥垫层采用级配良好的最大粒径不大于30mm碎石铺设，铺设时采用平板法振密压实，夯填度≤0.9。

3、最终沉降量满足结构设计要求，均不大于50mm。

六、施工注意事项

1.靠近主楼的独立基础部分的CFG桩施工应在基坑肥槽回填完成之后施工，施工工艺要求能够穿过既有基坑支护锚索；其他位置可采用长螺旋钻中心压灌成桩施工工艺，施工前应按设计要求在试验室进行配合比试验，施工时按配合比配制混合料；施工塌落度宜为180mm~220mm；长螺旋钻中心压灌成桩施工钻至设计深度后，应控制提拔钻杆时间，混合料泵送量应与拔管速度相配合，不得在饱和砂土或饱和粉土内停泵待料。复合地基剖面示意参见设计总说明（三）中CFG桩复合地基部分剖面示意图，当出现桩头缺损时参见设计总说明（三）中接桩头示意图做法处理。

2.施工允许偏差值：

1）桩长允许差：+100mm；桩径允许偏差-20mm；

桩径允许偏差有误

2）垂直度允许差：≤1%； 独立基础边桩桩位允许差：D/6；其他桩位允许差：≤0.4D（D为直径）。

3.施工过程中应注意土质变化，如地质条件发生变化应会同建设单位、勘察单位、设计单位、监理单位及时调整施工技术参数以确保工程质量。

4.桩体不允许出现断桩、严重缩径等质量事故。

5.当混凝土强度达到设计值的80%时可清桩间土、凿桩头；施工结束28天后，可请第三方进行桩身完整性检测、单桩承载力及复合地基静载荷试验，检验是否满足设计要求。

6.CFG桩验收合格后方可进行褥垫层施工，褥垫层厚度200mm，采用粒径不大于30mm碎石铺设，褥垫层应宽出基础垫层轮廓线外缘200mm，采用平板法振密压实，夯填度不得大于0.9。

7、成桩过程中，抽样做混合料试块，每台机械每台班不少于1组。

8、清土和截桩时，应采用小型机械或人工剔除等措施，不得造成桩顶标高以下桩身断裂或桩间土扰动。

9、冬期施工时，混合料入孔温度不得低于5℃，对桩头和桩间土应采取保温措施。

10、CFG桩验收合格后方可进行褥垫层施工，褥垫层应宽出基础垫层轮廓线外缘200mm。

七、质量检验

1.施工质量检验主要应检查施工记录、混合料坍落度、桩数、桩位偏差、褥垫层厚度、夯填度和桩体试块抗压强度等，施工时应保证桩长、桩径达到设计要求。

2.CFG桩复合地基检验宜在施工结束28d后进行，其桩身强度应满足试验荷载条件。

3.由于本工程结构特殊性，试验检测位置必须由甲方、监理单位、设计单位、检测单位结合场地具体条件决定。

4.CFG桩复合地基竣工验收时，承载力检验应采用复合地基静载荷试验和单桩静载荷试验，复合地基承载力和单桩承载力载荷试验数量不应少于总桩数的1%，且每个单体工程复合地基承载力试验数量不应少于3点；桩身完整性检测数量为总桩数的10%。

5.CFG桩施工及验收应严格按照《建筑地基基础工程施工质量验收规范》（GB50202-2002）执行。

(4) 根据GB 50202—2018，桩身完整性检测数量应为总桩数的20%；

(5)《建筑地基基础工程施工质量验收规范》GB 50202—2002已过期

案　例　四

地下水情况一览表　　　　表 2

序号	地下水类型	稳定水位埋深(m)	稳定水位标高(m)	量测时间
1	潜水	11.10～11.80	27.11～28.56	2020 年 3 月中旬
		10.90～13.30	26.21～28.49	2020 年 4 月中旬
2	承压水（测压水头）	13.50～13.60	25.41～26.06	2020 年 3 月中旬
		15.20～19.80	19.61～23.49	2020 年 4 月中旬

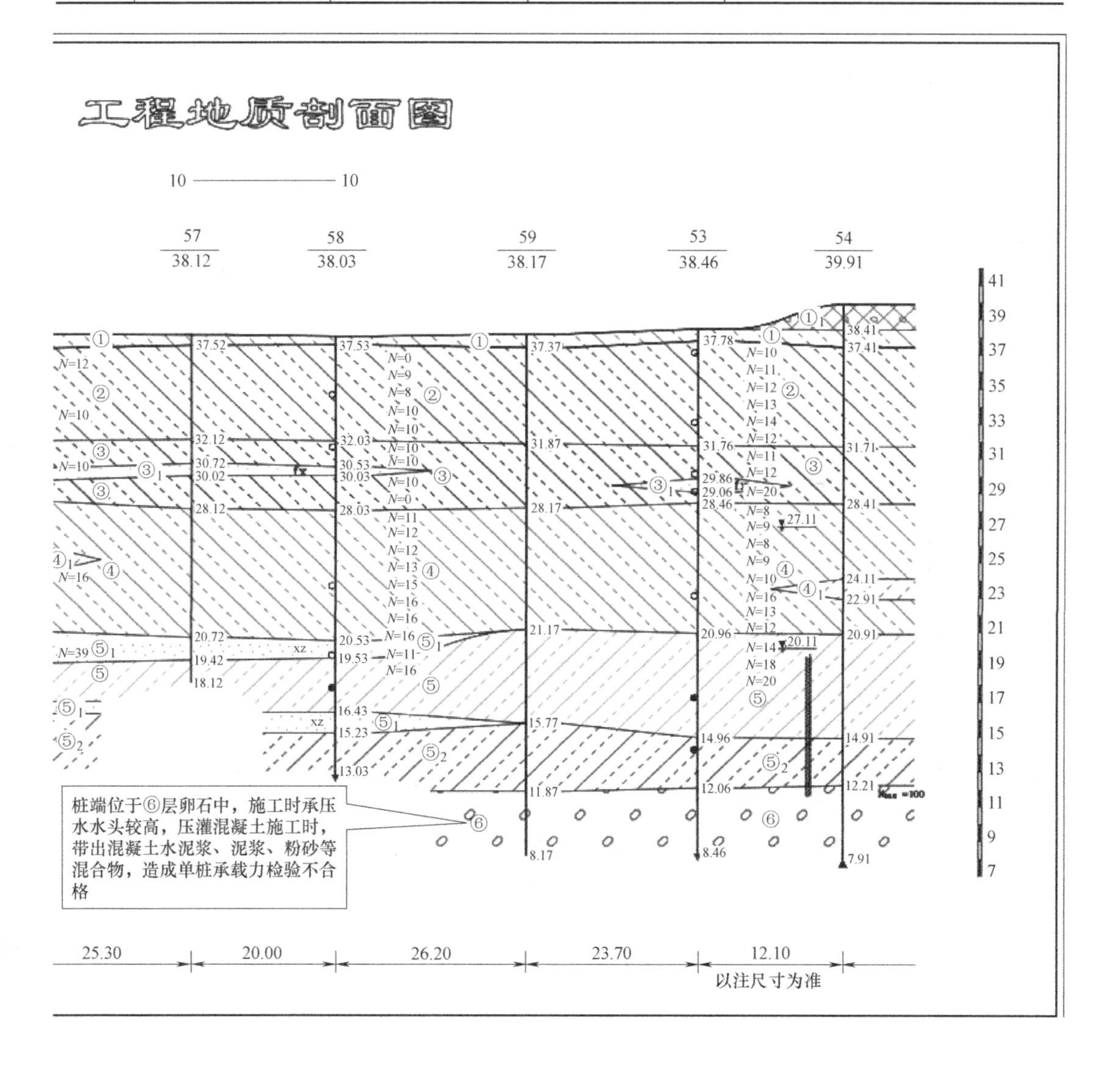

13.2 图　　纸

13.2.1 标准

《地基处理工程设计文件技术审查要点》

4.3 设计图纸宜包括下列图件：

(1) 工程总平面布置图；

(2) 岩土工程设计平面图；

(3) 剖面图及节点构造详图；

(4) 检测与监测平面图；

(5) 其他必要的图纸。

设计图件应符合下列要求：

(1) 图件应有图签，其内容宜包括设计单位、项目名称、图名、设计阶段、比例尺、图号、日期和相关责任人（设计项目负责人、制图人、校对人、审核人、审定人）签字等内容；

(2) 图件应有图例和比例尺；

(3) 应加盖勘察文件专用章。

《北京市地基处理工程设计文件编制深度规定》(试行版)

3.0.1 地基处理工程设计文件应包括下列内容：

1 封面及扉页；

2 图纸目录；

3 地基处理工程设计总说明或设计说明书；

4 地基处理工程设计图纸及设计变更（如有）；

5 地基处理工程设计计算书。

3.0.5 设计图纸宜包括下列图件：

1 地基处理工程设计平面图；

2 剖面图、集水坑或电梯井斜边褥垫层铺设图（见附录 D～附录 E)；

3 基础周边褥垫层铺设图、桩接补桩头示意图（见附录 F～附录 G)；

4 其他必要的图纸。

附录 D　复合地基剖面示意图

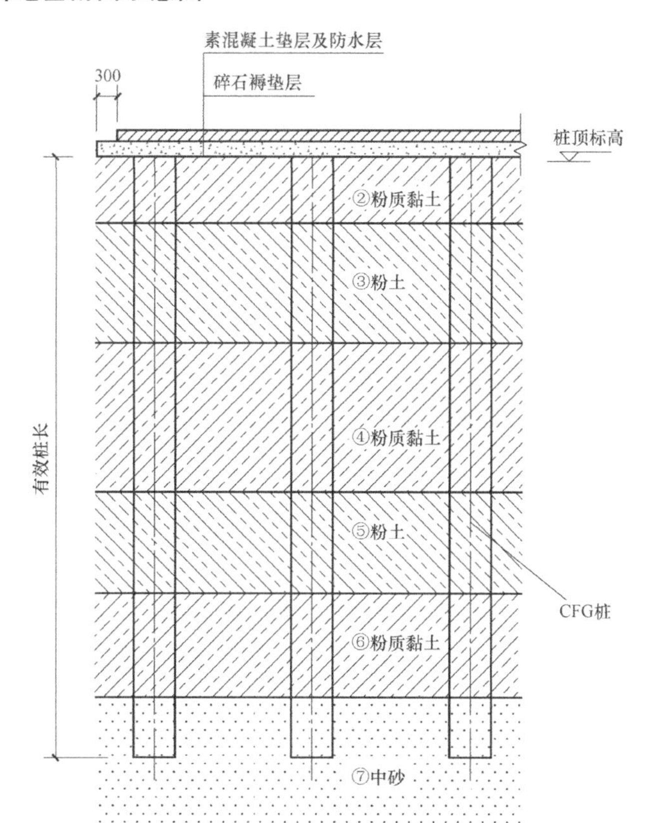

附录 E　集水坑或电梯井斜边褥垫层铺设示意图

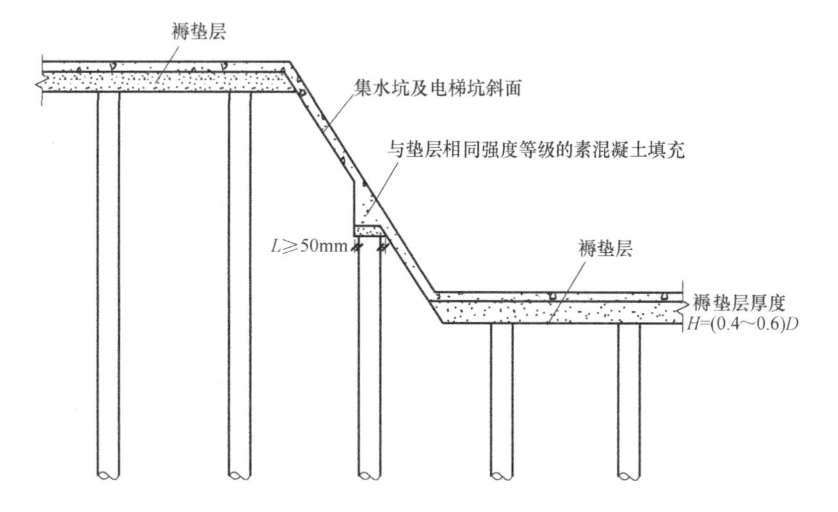

附录 F　基础周边褥垫层铺设图

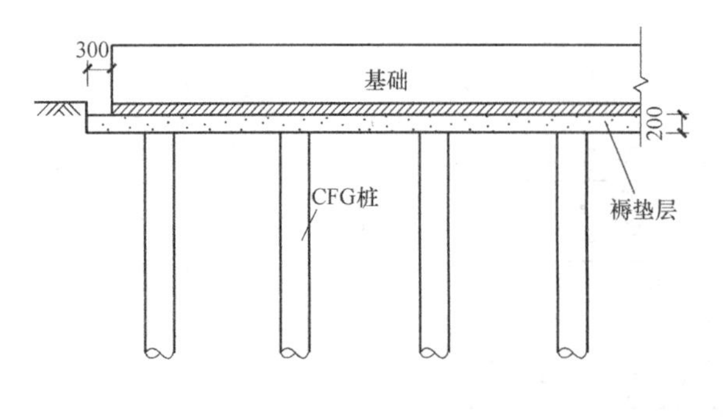

附录 G　CFG 桩接补桩头示意图

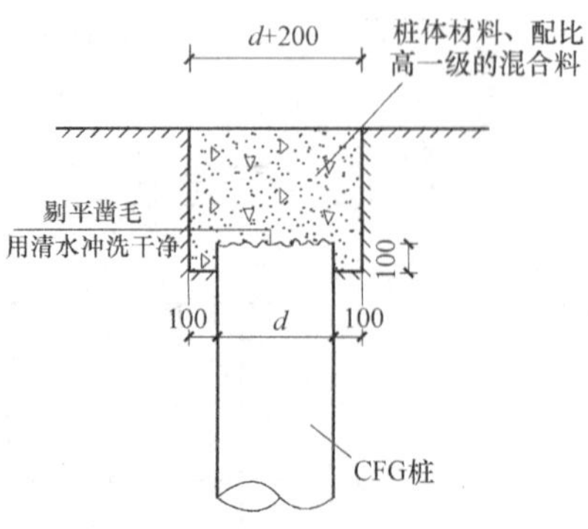

13.2.2　问题解析

1. 平面布置图中地基处理范围与主体结构设计单位条件图不一致，未明示集水坑、电梯井位置范围。

2. 缺少轴线或轴线名称错误。

3. 缺少定位桩位置尺寸，缺少桩间距标注或标注不清，局部布桩不合理。

4. 桩顶标高错误，缺少降板区、集水坑、电梯井等位置桩顶标高，未明示降板区施工桩长调整。

5. 桩间距、有效桩长、单桩承载力等参数与计算书不一致，见图 13.2.1。

6. 独立桩基实际布桩面积置换率小于计算面积置换率。

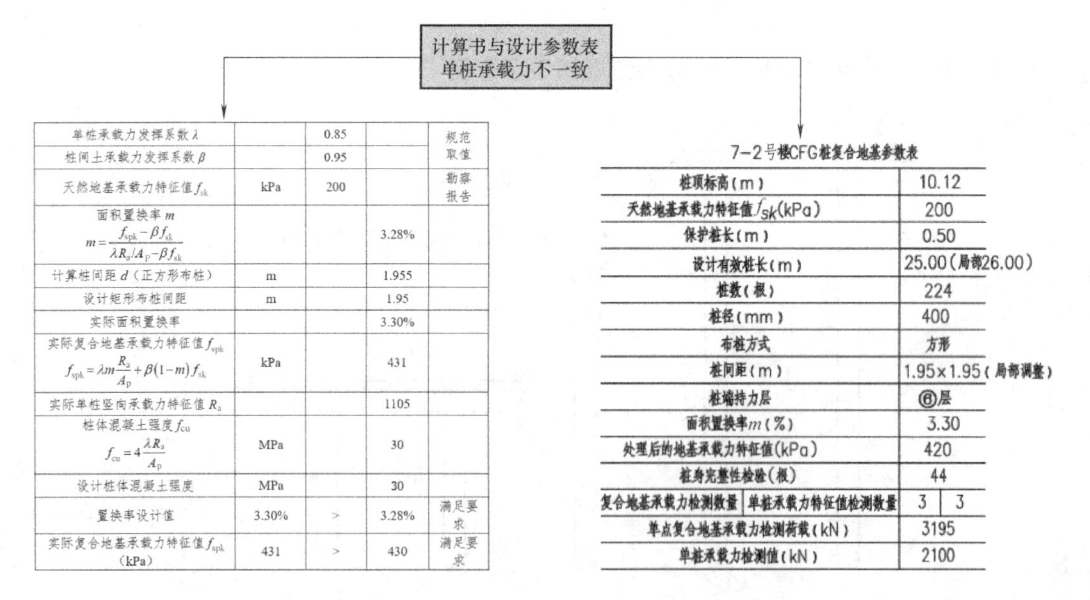

单桩承载力发挥系数 λ		0.85		规范取值
桩间土承载力发挥系数 β		0.95		
天然地基承载力特征值 f_{sk}	kPa	200		勘察报告
面积置换率 m $m=\frac{f_{spk}-\beta f_{sk}}{\lambda R_a/A_p-\beta f_{sk}}$			3.28%	
计算桩间距 d（正方形布桩）	m		1.955	
设计矩形布桩间距	m		1.95	
实际面积置换率			3.30%	
实际复合地基承载力特征值 f_{spk} $f_{spk}=\lambda m\frac{R_a}{A_p}+\beta(1-m)f_{sk}$	kPa		431	
实际单桩竖向承载力特征值 R_a			1105	
桩体混凝土强度 f_{cu} $f_{cu}=4\frac{\lambda R_a}{A_p}$	MPa		30	
设计桩体混凝土强度	MPa		30	
置换率设计值	3.30%	>	3.28%	满足要求
实际复合地基承载力特征值 f_{spk}（kPa）	431	>	430	满足要求

7-2号楼CFG桩复合地基参数表

桩顶标高（m）		10.12	
天然地基承载力特征值 f_{sk}(kPa)		200	
保护桩长（m）		0.50	
设计有效桩长（m）		25.00（局部26.00）	
桩数（根）		224	
桩径（mm）		400	
布桩方式		方形	
桩间距（m）		1.95×1.95（局部调整）	
桩端持力层		⑥层	
面积置换率 m（%）		3.30	
处理后的地基承载力特征值(kPa)		420	
桩身完整性检验(根)		44	
复合地基承载力检测数量	单桩承载力特征值检测数量	3	3
单点复合地基承载力检测荷载（kN）		3195	
单桩承载力检测值（kN）		2100	

图 13.2.1

13.3　检测和监测要求

13.3.1　标准要求

《建筑地基处理技术规范》JGJ 79—2012

6.3.10　当强夯施工所引起的振动和侧向挤压对邻近建构筑物产生不利影响时，应设置监测点，并采取挖隔振沟等隔振或防振措施。
6.3.13　强夯处理后的地基竣工验收，承载力检验应根据静载荷试验、其他原位测试和室内土工试验等方法综合确定。强夯置换后的地基竣工验收，除应采用单墩静载荷试验进行承载力检验外，尚应采用动力触探等查明置换墩着底情况及密度随深度的变化情况。
7.1.2　对散体材料复合地基增强体应进行密实度检验；对有粘结强度复合地基增强体应进行强度及桩身完整性检验。
7.1.3　复合地基承载力的验收检验应采用复合地基静载荷试验，对有粘结强度的复合地基增强体尚应进行单桩静载荷试验。
7.3.6　水泥土搅拌桩干法施工机械必须配置经国家计量部门确认的具有能瞬时检测并记录出粉体计量装置及搅拌深度自动记录仪。
10.2.1　地基处理工程应进行施工全过程的监测。施工中，应有专人或专门机构负责监测工作，随时检查施工记录和计量记录，并按照规定的施工工艺对工序进行质量评定。
10.2.6　地基处理工程施工对周边环境有影响时，应进行邻近建（构）筑物竖向及水平位移监测、邻近地下管线监测以及周围地面变形监测。
10.2.7　处理地基上的建筑物应在施工期间及使用期间进行沉降观测．直至沉降达到稳定为止。

《北京地区建筑地基基础勘察设计规范》DBJ 11—501—2009（2016年版）

13.4.4　强夯处理后的地基承载力检验点的数量，应根据场地复杂程度和地基基础设计等级确定。对于简单场地上的一般建筑物，每个建筑地基载荷试验检验点不应少于3点；对于复杂场地或地基基础设计等级为一级的地基应增加检验点数。
13.4.5　复合地基应对竖向增强体的施工质量进行检验，采用挤密工艺的复合地基尚应对施工完成后的桩间土进行检验。复合地基施工质量的检验项目、方法、数量应按现行行业标准《建筑地基处理技术规范》JGJ 79有关规定执行。
13.4.6　复合地基承载力的验收检验应采用复合地基静载荷试验，对有粘结强度的复合地基增强体尚应进行单桩静载荷试验。

《建筑地基基础工程施工质量验收标准》GB 50202—2018

4.1.1 地基工程的质量验收宜在施工完成并在间歇期后进行，间歇期应符合国家现行标准的有关规定和设计要求。
4.1.2 平板静载试验采用的压板尺寸应按设计或有关标准确定。素土和灰土地基、砂和砂石地基、土工合成材料地基、粉煤灰地基、注浆地基、预压地基的静载试验的压板面积不宜小于 $1.0m^2$；强夯地基静载试验的压板面积不宜小于 $2.0m^2$。复合地基静载试验的压板尺寸应根据设计置换率计算确定。
4.1.3 地基承载力检验时，静载试验最大加载量不应小于设计要求的承载力特征值的2倍。
4.1.4 素土和灰土地基、砂和砂石地基、土工合成材料地基、粉煤灰地基、强夯地基、注浆地基、预压地基的承载力必须达到设计要求。地基承载力的检验数量每 $300m^2$ 不应少于1点，超过 $3000m^2$ 部分每 $500m^2$ 不应少于1点。每单位工程不应少于3点。
4.1.5 砂石桩、高压喷射注浆桩、水泥土搅拌桩、土和灰土挤密桩、水泥粉煤灰碎石桩、夯实水泥土桩等复合地基的承载力必须达到设计要求。复合地基承载力的检验数量不应少于总桩数的0.5%，且不应少于3点。有单桩承载力或桩身强度检验要求时，检验数量不应少于总桩数的0.5%，且不应少于3根。
4.1.6 除本标准第4.1.4条和第4.1.5条指定的项目外，其他项目可按检验批抽样。复合地基中增强体的检验数量不应少于总数的20%。

13.3.2 问题解析

1. 未提出处理地基上的建筑物应在施工期间及使用期间进行沉降观测的要求。

【解析】 处理地基上的建筑物应在施工期间及使用期间进行沉降观测是强制性条文要求，必须严格执行。

2. 未根据地基处理方式提出相应的检测和监测要求，或检测数量不符合有关标准规定。

【解析】

(1) 检验工作应满足《建筑地基基础工程施工质量验收标准》GB 50202—2018、《建筑地基检测技术规范》JGJ 340—2015、《建筑地基处理技术规范》JGJ 79—2012等国家标准、行业标准的要求。检测数量不同标准有不同规定时，应按较新标准、较严规定执行。

(2) 检验项目应根据设计方案及目标要求确定。如CFG桩方案应进行复合地基静载荷试验、单桩静载荷试验及低应变动力试验，碎石桩等散体材料增强体复合地基除进行复合地基静载荷试验，还应对桩体进行重型动力触探试验，对桩间土进行标准贯入试验等原位测试。方案中涉及换填垫层时，应要求对换填垫层的施工质量分层进行检验，每层的压实系数符合设计要求后方可铺填上层等。

(3) 检验数量应根据场地复杂程度、建筑物的重要性以及地基处理施工技术的可靠性确定，并满足地基处理的评价要求。复合地基承载力的检验数量不应少于总桩数的0.5%，且不应少于3点。有单桩承载力或桩身强度检验要求时，检验数量不应少于总桩数的0.5%，且不应少于3根。

（4）低应变动力试验数量应按《建筑地基基础工程施工质量验收标准》GB 50202—2018 第 4.1.6 条，不应少于总桩数的 20%。

3. 未明示单桩及复合地基静载试验最大加载量或最大加载量错误。

【解析】 当承载力满足设计要求，变形计算亦满足设计要求，即按强度控制设计时，复合地基静载荷试验最大加载量不应小于按**设计要求的承载力特征值**的 2 倍。

当承载力满足设计要求，但变形计算不能满足设计要求时，即按变形控制设计时，需要提高复合地基承载力以增大模量提高系数。此时复合地基静载荷试验最大加载量不应小于**提高的承载力特征值**的 2 倍。变形计算时模量提高系数计算中采用了大于主体结构设计单位要求的承载力时，加载量也应满足提高的承载力要求。

4. 分区设计时未按不同条件分区安排检测。

【解析】因承载力要求不同、基底标高不同（基底持力层不同）、桩端地层起伏等地质条件不同，同一建筑物可能出现不同的设计分区，即存在不同桩长、布桩间距，不同单桩承载力、复合地基承载力的区域。除小型的集水坑、电梯井等情形外，不同设计分区应分别安排检测工作量，且每区检测数量不宜低于最小数量要求。

13.4　图签与签章

13.4.1　标准要求

《北京市地基处理工程设计文件编制深度规定》(试行版)

3.0.2　封面及扉页应包括下列内容：

1　封面应标识工程名称、设计单位、提交日期等，格式可按附录 A 执行；

2　扉页应标识工程名称、工程编号、单位资质等级、相关责任人签章、设计单位、提交日期等，格式可按附录 B 执行；

3　相关责任人签章应包括单位法定代表人、单位技术负责人（总工程师）签章，设计责任人的姓名打印及签字；

4　设计责任人（包括审定人、审核人、设计项目负责人）；

5　设计项目负责人应加盖注册土木工程师（岩土）或注册结构工程师印章；

6　设计单位应在封面或扉页加盖单位公章，扉页加盖勘察文件专用章。

3.0.4　设计图纸应符合下列要求：

1　图件应有图签，其内容宜包括设计单位、项目名称、工程编号、图名、图号、日期、版次和相关责任人（设计项目负责人、设计人、校对人、审核人、审定人）签字等内容；

4　地基处理工程设计图纸图签可按附录 C 执行。

3.0.6　地基处理工程计算应符合下列要求：

7　计算成果应有计算人、审核人或校核人签字；

8　地基处理工程设计单位和注册岩土/结构工程师应在计算书封面上盖章；

9　地基处理工程设计计算书责任页可按附录 H 执行。

附录A 地基处理工程设计文件封面示意图

工程编号：________

________（工程名称）

地基处理工程设计（设计阶段）

地基处理工程设计单位（全称）

年 月 日

附录 B　地基处理工程设计文件扉页示意图

工程编号：＿＿＿＿＿＿

＿＿＿＿＿＿＿＿＿＿＿＿＿＿＿＿＿＿（工程名称）

（设计阶段）

单位法定代表人：（姓名打印＋签章）

单位技术负责人：（姓名打印＋签章）

审定人：（姓名打印＋签字）

审核人：（姓名打印＋签字）

项目负责人：（姓名打印＋签字，盖注册章）

项目参加人：（姓名打印＋签字）

地基处理工程设计单位（盖章）

年　月　日

附录 C　地基处理工程设计图纸图签示意

<table>
<tr><td colspan="3">地基处理工程设计单位</td></tr>
<tr><td colspan="3">工程名称</td></tr>
<tr><td colspan="3"></td></tr>
<tr><td colspan="3">工程编号</td></tr>
<tr><td colspan="3">图名</td></tr>
<tr><td colspan="3">图号</td></tr>
<tr><td></td><td>姓名</td><td>签字</td></tr>
<tr><td>审 定 人</td><td></td><td></td></tr>
<tr><td>审 核 人</td><td></td><td></td></tr>
<tr><td>项目负责人</td><td></td><td></td></tr>
<tr><td>校　对</td><td></td><td></td></tr>
<tr><td>设　计</td><td></td><td></td></tr>
<tr><td>制　图</td><td></td><td></td></tr>
<tr><td colspan="2">日期</td><td>版次</td></tr>
</table>

附录 H　地基处理工程设计计算书责任页示意

工程编号：________

________（工程名称）

地基处理工程设计计算书

审核人：（姓名打印＋签字）

计算人：（姓名打印＋签字）

项目负责人：（姓名打印＋签字，盖注册章）

地基处理工程设计单位（盖章）

年　月　日

13.4.2 问题解析

1. 缺少封面或扉页。

2. 未按规定（相关法律法规或标准）加盖单位公章或勘察文件专用章。

3. 未按规定加盖项目负责人注册土木工程师（岩土）或注册结构工程师印章。

4. 缺少相关责任人，或相关责任人未按规定打印姓名和签字。

5. 封面、设计总说明与平面布置图中项目负责人与加盖注册土木工程师（岩土）章的不是同一个人。

参 考 文 献

[1] 中华人民共和国住房和城乡建设部. 建筑地基基础工程施工质量验收标准：GB 50202—2018 [S]. 北京：中国计划出版社，2018.

[2] 中华人民共和国住房和城乡建设部. 建筑地基处理技术规范：JGJ 79—2012 [S]. 北京：中国建筑工业出版社，2012.

[3] 中华人民共和国住房和城乡建设部. 建筑地基检测技术规范：JGJ 340—2015 [S]. 北京：中国建筑工业出版社，2015.

[4] 北京市规划委员会. 北京地区建筑地基基础勘察设计规范：DBJ 11—501—2009（2016 年版）[S]. 北京：2017.

[5] 中华人民共和国住房和城乡建设部. 建筑地基基础设计规范：GB 50007—2011 [S]. 北京：中国建筑工业出版社，2012.

[6] 北京市规划和国土资源管理委员会. 地基处理工程设计文件技术审查要点 [S]. 北京：2016.

[7] 北京市规划和国土资源管理委员会. 北京市地基处理工程设计文件编制深度规定（试行版）[S]. 北京：中国建筑工业出版社，2018.